農家のための

新 農 地 全 書

こんな時どうする? 農家からの相談と回答

第八版

全国農業委員会ネットワーク機構
一般社団法人 全国農業会議所

はじめに

「農地全書」は昭和四七年に発刊して以来、農地に関係する実務担当者の方々を始め、広く皆様にご活用いただいてきました。同書は、それまで農地法を中心として問答形式で発刊しておりました「農地相談」（昭和三二年）、「続農地相談」（昭和三五年）、「新農地相談」（昭和四一年）を前身としたものですが、昭和四五年五月一五日の農地法の改正を契機に、農地法のみならず、広く農地問題全般にわたって全書として取りまとめ、昭和四七年に刊行したものです。収録しました問いは、全国の農業委員会へのアンケート調査を基に問題を整理し、回答については、法律家、農林水産省の方々のご協力を得て、全国農業会議所が編集したものです。

発刊以来、同書に掲載されている法律等が改められたり、新しく制定されるたびごとに、多くの専門家の方々のご協力を得て改訂を重ねてまいりました。

最近では、平成二一年一二月に施行された農地法等の改正を中心に見直し、その後、地域の自主性及び自立性を高めるための改革の推進を図るための関係法律の整備に関する法律により、農地法第三条の「農地の耕作目的での権利移動」の許可権限がすべて農業委員会とされる改正が平成二四年四月に施行されたこと、平成二五年一二月の「農地中間管理事業の推進に関する法律」及び「農業の構造改革を推進するための農業経営基盤強化促進法等の一部を改正する等の法律」の制定を受けて改版をしてきました。

今回は平成三〇年一一月に施行された農業経営基盤強化促進法等の一部を改正する法律による所有者不明農地の利活用のための新制度の創設、底面の全部がコンクリート等で覆われた農業用施設の取り扱いの見直し等を受けて改訂を行いました。また、相続や債権に関係する民法の改正も反映しております。

刊行に当たり、多大なるご協力を頂きました関係各位に心よりお礼を申し上げる次第です。また、今後とも皆様方のご意見やご教示を賜りたいと存じます。この「新農地全書」が、農地に関係する実務担当者や農業委員、農地利用最適化推進委員のほか、広く一般の方々にご活用されることを願ってやみません。

令和二年三月

一般社団法人 全国農業会議所

目次

一　売買関係

二　転用関係

三　貸借関係

四　相続・贈与関係

五　登記関係

六　補償・収用関係

七　紛争処理関係

八　その他

一　売買関係

《1》共有地の分割・時効取得に許可がいるか

？

次の場合は農地法第三条の規定による許可を受けるべきでしょうか。

①共有の農地につき、その共有物を分割する場合

②共有の農地につき共有者の一人がその持分を放棄したため、その持分が他の共有者に帰属する場合

③共有の農地につき、共有者の一人が相続人がいないままで死亡したため他の共有者にその持分が帰属する場合

④農地を時効により取得して所有権移転の登記をする場合

！

①共有物の分割は、その実質が意思表示に基づく所有権の移転と考えられるので、農地法第三条の許可が必要です。

②民法第二五五条の規定により共有者の一人がその持分を放棄したときは、その持分は他の共有者に帰属しますが、これは所有権移転行為ではないと考えられますので、農地法第三条の許可は不要です。

③共有者の一人が相続人がいないままで死亡した場合は、民法第二五五条に定めるとおりその持分は他の共有者に帰属し、②と同様、農地法第三条の許可は不要です。

④民法に規定する取得時効（第一六二条（所有権の取得時効）、なお、賃借権等所有権以外の取得時効（第一六三条）の場合も同様の取扱いとなります。）によって所有権を取得するということは、所有者以外の者が所有の意思をもって一定期間占有していた場合にその者に所有権を原始取得させるもので、これは一般の売買、贈与のような所有権移転に関する法律行為に基づくものではありませんから、農地法第三条の許可は不要です。

なお、農地法第三条の許可が不要な②、③、④の場合でも、同法第三条の三により、農地の存する市町村の農業委員会に届け出る必要があります。

《2》共有農地の持分移転の許可基準

? 登記簿上甲ほか八四人の共有農地の共有者の一人から、共有持分の移転について農地法第三条の許可の申請があった場合には、いかに取り扱うべきでしょうか。

! 共有農地の持分が移転される場合の農地法（以下「法」という）第三条第一項の許可は、次のとおり取り扱うことが相当です。

①その農地の全部が貸借地以外の農地である場合

イ　その持分の取得者またはその世帯員等（以下「取得者」という）がその農地のうち、その取得後その農地について有することとなる持分に応じた面積以上の面積について、その取得後に効率的に利用して耕作すると認められる場合には、その持分移転についての法第三条第二項第一号（全て効率利用）の適用に当たっては、同号に該当しないものとして取り扱ってさしつかえありません。なお、その持分の取得者にかかるその他の耕作等の事業に供すべき農地等についての同号の適用については、一般の場合と異なることはありません。

ロ　イの場合の法第三条第二項第四号（農作業常時従事）の適用については、一般の場合と異なることはありません。

ハ　イの場合法第三条第二項第五号の「耕作の事業に供すべき農地の面積」の計算に当たっては、その取得後にその農地について有することとなる持分に応じた面積を算入しますが、当該共有地のうち持分の取得者がその取得後に耕作すると認められる部分の面積が、当該取得後の持分に応じた面積をこえる場合には、その取得後に耕作すると認められる面積を算入します。

ニ　イの場合の法第三条第二項第七号（地域調和要件）の適用に当たって農地の位置及び規模から判断する場合は、その持分の取得者がその取得後に耕作すると認められる部分について判断します。

②その農地の全部または一部が貸借地である場合

イ　その持分の取得者以外に当該共有地の借受人が

いない場合及び当該貸借地の借り手が有する耕作の事業を行うための権原が、その土地について物権を取得する者に対抗することができない場合の法第三条第二項第一号の適用については、①のイと同様です。

ロ　当該貸借地の借り手が有する耕作の事業を行うための権原がその土地について、物権を取得する者に対して対抗することができるものである場合の取得については、ⅰ許可の申請の際現に耕作の事業に供すべき農地を全て効率的に利用し、ⅱ自らの耕作が可能となる時期が明らかである場合で、耕作が可能となった場合の取扱いについては、①のイと同様です。この判断の際には、耕作している者に対して継続の意向を確認し、取得者の耕作が可能となる時期が一年以上先である場合には取得を認めないことが適当とされています。

《3》共有農地の売買契約

? 私は数年前に共有農地について共有者の一人と売買契約をし、その農地の全部を買ったと思って耕作してきたところ、他の共有者から農地の返還請求がありました。どうすればよいでしょうか。

なお、売買について農地法の許可はうけておりません。

! 農地を売買する場合農地法所定の許可をうけなければその所有権移転は無効です（第三条、第五条）。共有農地の持ち分の売買についても同様です。したがって、おたずねではあなたは共有農地の売買について農地法の許可を受けていないとのことですから、売買契約を締結していたとしても、あなたは所有権を取得していないので、この限りでは他の共有者から共有農地の返還の請求があればこれを拒むことはできないと考えます。なお、この売買

契約については、つぎのような問題があるのではないかと考えます。

すなわち、共有農地は、その所有権を数人によって分有するものなので、共有農地を完全に買いうけるためには、共有者全員からその持ち分を譲りうけることが必要です。あなたは共有者の一人と売買契約をしながら、共有農地を完全に買い受けたと思っておられますが、そのためには、①売り主が他の共有者の持ち分を取得したうえで、あなたに完全な所有権として売買する趣旨の契約、②契約の相手方が他の共有者の持ち分も、その委任にもとづいて締結した契約、のいずれかであることが必要です。

①のような契約であれば、売り主が他の共有者の持ち分を取得できない場合には、売買契約を解除することになります。当事者間で話し合いができても、農地法上、転売目的での農地の権利取得は認められないのが通常ですので、実際上履行が困難ではないかと考えられます。

②のような契約であれば、共有者全員に対し履行を請求できます。ただし、他の共有者の委任がなかった場合には、その後追認した場合を除いて委任のない共有者の持ち分を対象とする売買契約は無効です。

《4》買受人が従業員に耕作させている場合

? **私は最近甲に農地二〇《アール》を売却する約束をしました。甲は現在八〇《アール》の農地を所有し、一応はみずから耕作しているということになっておりますが、その耕作のすべては甲の経営している工場の従業員が休日などを利用して行っております。村の農業委員会は、甲およびその家族や親族が全然耕作していないから、農地法の許可はされる見込みがないといいます。私は、「甲は五〇《アール》以上の農地を持っているから問題はないのではないか」と考えておりますが、このような農地の売買は、農地法で許可されるでしょうか。**

! 農地を売買するには、農業委員会の許可が必

要です（農地法第三条第一項）。許可申請があった場合に、許可するか、不許可にするかの許可基準が法律で明らかにされています（同条第二項）。この許可基準のうち農地の売買に関係のある基準は次のとおりです。

すなわち、①農地の買受け後その買受人またはその世帯員等が農業経営に供すべき農地の全てについてみずから効率的に耕作すると認められない場合、②買受人またはその世帯員等が買受後の農業経営に必要な農作業に常時従事すると認められない場合、③買受人またはその世帯員等の買受後の経営面積の合計が北海道では二㌶、都府県では五〇㌃（農業委員会が農林水産省令で定める基準に従い、これに代わるべき面積を定めて公示したときは、その面積）未満である場合（草花栽培等の集約経営が行われる場合等はこの面積未満でもよい）、④買受後の耕作が周辺の地域における農地等の農業上の効率かつ総合的な利用に支障が生ずると認められる場合のいずれか一つに該当するときは、許可できないことになっております。

ご質問の農地の売買は、甲が現在八〇㌃の農地を所有し、その耕作はすべて甲の経営する工場の従業員が行っているとのことですが、その実態がもし甲がみずから耕作しているとは名目上で、従業員の耕作はそれぞれ独自に行われ、収穫物も従業員が大部分をもらっており、甲又はその世帯員等が耕作を行っていると認められないときは、右の許可基準の①に該当し、また買い主およびその世帯員等が農作業に全く従事していないようですから、右の許可基準の②にも該当することになり、許可することができません。ただし、甲又はその世帯員等が、今回の二〇㌃の農地取得に伴い、すでに所有している八〇㌃の農地についても自ら耕作を行い、必要な農作業にも従事するものと認められる場合には、許可することも可能です。

《5》 無許可耕作農地は耕作面積に算入されるか

？ 私は現在六〇アールの畑を耕作しておりますが、この農地は五年前にある人から賃借し農地法の許可を受けないで今日に至っております。最近知人から畑を二〇アール買う約束をしておりますが、このような場合でも農地法第三条第二項第五号（農地取得の下限面積）の面積に算入されるでしょうか。

！ 農地を売買したり貸借したりする場合には、農業委員会の許可をうけることが必要であり、この許可については、法律で許可基準が定められていますが、その一つに、農地を買い受け、あるいは借り受けようとする者またはその世帯員等の権利取得後における経営面積の合計が農地、採草放牧地を個別に計算してその両方とも北海道では二ヘクタール、都府県では五〇アール（農業委員会が農林水産省令で定める基準に従い、これに代わるべき面積を定めて公示した時は、その面積）未満の場合（草花栽培等の集約経営が行われる場合等はこの面積未満でもよい。）には、許可できないことになっています（農地法第三条第二項第五号）。

そこで、この経営面積の計算に当たって、ご質問のような農地法の許可をうけないで買い受け、あるいは借り受けて耕作している農地面積がどうなるかですが、この経営面積に算入すべき農地は、農地を取得しようとする者が正常な状態のもとに農業経営に供している農地であることが必要と考えます。この意味で、その者が現実に耕作していても法律上いわゆる耕作権の存しない無権原耕作をしている農地はその経営面積に算入されないと解します。つまり、農地法の許可を受けないでした売買、貸借は法律上効力を生じないことになっています（農地法第三条第六項）から、無許可のいわゆるヤミ小作地とか、無断耕作地とかは、経営面積に算入すべきでないと考えます。

あなたの場合、現在耕作されている六〇アールがすべて農地法の許可を受けないで貸借しているとのことですから、前述の最低経営面積制限（同法第三条第二項第五号）に該当し許可することができません。ただし、この場合においても例外許可事由（農地法施行令第二条第三項各号）に該当するときは、許可することができます。

《6》零細農家が国有畦畔を買い受けたい

？

私は三〇㌃ほどを耕作する兼業農家です。私の農地の中にいわゆる国有畦畔（畦幅一㍍位の帯状のもの）が含まれていることが判明しました。この部分の現況は水田で一区画の中に入っており正確にはどの辺かよくわかりません。最近財務事務所の方から、その国有畦畔を買ってほしいと話がありました。私は、この部分が他人に買われては利用に困るし、買うつもりでいます。私は下限面積以下の零細農家ですが、許可してもらう方法はないでしょうか。

！

農地を買い受けようとする場合には、農業委員会の許可を受けなければなりません（農地法第三条第一項）。

ところで、その許可の申請があった場合の許可基準が法律に定められています（農地法第三条第二項）が、その一つに、農地または採草放牧地の権利を取得した後の経営面積が下限面積（《5》参照）に達しないときは、原則として許可できないことになっています（同項第五号）。

ただし、これには例外的に許可できる場合が定められています（農地法施行令第二条第三項）。その一つに、その位置、面積、形状などからして、その隣接農地と一体として利用しなければ利用することができない農地については、その隣接農地の所有者がその所有権を取得する場合には、たとえその所有者が下限面積未満の零細農家であっても、他に許可できない事情がない限り、許可できることになっています（同項第三号）。

したがって、おたずねの場合には、いわゆる国有畦畔であって細長い帯状の農地があなたの農地の中に含まれており、その部分だけでは独立して利用することができないように思われますので、あなたが下限面積以下の零細農家であっても、他に許可できない事情がなければ、その農地の買い受けは許可することができます。

《7》無許可で貸した農地の売渡しの相手方

？

私は兼業農家ですが、このたび兼業している事業の資金が必要なので、所有農地を売却しようと思います。この農地は、もとは自分で耕作していましたが、一〇年ほど前から甲さんに貸しているものです。貸すにあたって農地法の許可は受けておりません。

甲さんに農地を売りたいから買ってほしいと話をしましたところ、甲さんはこの農地の耕作権は自分にあるからといって、非常に安い値でないと買わない、この土地は、自分以外には売れないといっています。私は甲さんのいうような値段では事業資金に足りません。ほかに買えるのなら高く買ってよいという人もいます。このように、農地法の許可を受けないで貸借した農地でも、甲さんに耕作権があり、甲さん以外に売ることができないのでしょうか。

！

農地の売買や貸借などは、あらかじめ農業委員会の許可を受けることが必要であり、この許可を受けないでした売買、貸借などは無効です（農地法第三条第一項、第六項）。

ところで、おたずねの農地の貸借については、農地法の許可を受けていないとのことであり、農地法の許可を受けないでした貸借は無効ですから、甲はその農地について耕作権をもっているとはいえず、たとえ甲が現実に耕作していても、その農地は貸借の権利に基づくものということはできません。したがって、この事実を前提とする限り、あなたはその農地を甲以外の者に売却することは農地法第三条一項の許可を受ければできるということです。

《8》換地登記未済の農地は売買できないか

？

私は所有地一・四《ヘクタール》、賃借地（田）六五《アール》を耕作していますが、賃借地の所有者から負債整理のため一〇《アール》当たり五〇万円で買ってもらえないかと頼まれたので、買おうかと思います。

ところが、この地区では、土地改良区が区画整理や農道整備を行い、昨年換地処分がありましたが、換地の登記は未済です。土地改良区が登記を抹消してあるので、農地の売買や農地法の許可がとれないという人もいますが本当でしょうか。

！

土地改良事業地区内の土地については、換地処分があった旨を知事が公告したときは、その換地処分にともなう登記が済んだ後でなければ換地処分後に行われた売買などを原因とする登記はすることができません（土地改良法第一一六条）。しかし、これは登記のみで、売買などはすることができますし、農地法の許可も受けることができます。

ただこの場合、換地処分の登記が済むまでは、換地についての地番が設定されていませんから、契約上あるいは許可申請上売買する土地の表示をどうするかという問題があります。この点については、換地処分通知書に記載されている換地前の土地表示（いわゆる旧地番表示）と換地後の土地表示（いわゆる仮地番表示）とを併記することが、後日問題を生じさせない方法であると考えます。

《9》売買契約発効後に解約できるか

？

農地の売買契約が両者間で円満に成立して、農地法第三条第一項の許可の申請書を提出し、すでに許可書も下りました。

ところが、売主が突然売買契約の解約を申し入れてきました。このような段階で一方的に売買契約を解約することはできるでしょうか。ま

た買主は売主に売買契約の履行をさせるためにはどうしたらよいでしょうか。

！ 農地の売買は農地法の規定により農業委員会の許可が必要であり、この許可を受けないでした売買はその効力を生じません。したがって、当事者が農地の売買契約を締結するときは、この農地法による許可があったら売買契約の効力を生ずる趣旨で契約しているのが通常ですから、農地法による許可があったときは、その売買契約上所有権移転の時期について特別の条項が定められている場合を除いて、その許可があった時に農地の所有権は売主から買主に移転するものと解されています。

ご質問の場合においても、売買契約において、所有権移転の時期について特に定めていないときは、許可があった時に買主に農地の所有権が移転していると考えてよいでしょう。

次に、農地の売買についてすでに農地法第三条の許可もありその所有権が移転した段階で、当事者のどちらかが一方的に売買契約を解消させることは、特定の場合を除いてすることができません。すなわち、当事者の一方が売買契約に基づく義務を履行しない場合(債務不履行の場合)には、その相手方はそれを理由として売買契約を解除することができます。そのほかには、売買契約が詐欺、強迫によって行われたなど特殊の場合（民法第九六条）であれば売買契約を一方的に解消させることができますが、売買契約後地価が値上がりしたとか、売りたくなくなったというようなことでは、一方的に売買契約を解消することはできません。ご質問の場合売主が売買契約の解消を申し入れてきたとのことですが、いかなる理由によって解約してきたのでしょうか。売買契約が円満に締結されている事実からみて詐欺、脅迫はないと思われますので、一般的には、買主に売買契約上の債務不履行がない限り一方的に解約することはできないとみてよいのではないかと考えます。

もし、売主が理由がないのに売買契約を一方的に解約するとして、売買契約を履行しないような場合で、右のようにすでに所有権が買主に移転しているときは、裁判所に、農地所有権移転登記手続請求の訴を提起し、勝訴確定判決を得て、買主のみで所有権移転登記を申請することができます。

《10》代金を払わないので売買契約を解除したい

？

私は、昨年便利なところの田が買えたので、家から遠く耕作に不便な田約一〇アールをその隣接耕作者の甲さんに売却することにし、農地法第三条による許可を受けて、売買登記も済ませました。その際、甲さんから売買代金の一部（約三割）がどうしても都合つかないので一月位待ってほしいと話があったので、私も待ってやることにしました。ところが期限がきても支払ってくれませんので、催促しましたが払ってくれません。私は売買をやめようかと思いますが、このような場合、一方的に売買契約を解除することができるでしょうか。

また、この土地はすでに甲さん名義に登記してありますが、解除するにはあらためて農地法の許可をうけなければなりませんか。

！

農地を売買したがまだその売買代金の一部が残っているような場合には、その買主が売買代金の残金を支払うまでは、売買が完全に終ったということはできません。もし、買主が期限がきても支払わず、売主が催促しても、なんら宥恕《ゆうじょ》すべき事情もないのに支払わないときは、売主は買主の債務不履行を理由に売買契約を解除（債務不履行が契約・取引上の社会通念に照らして軽微であるときを除きます。）することができます（民法第五四一条）。なお、この債務不履行に基づく契約解除は、相手方に対して解除の通知をすれば効力を生じ、相手方の承諾などを必要としません。

判例では、農地の売買についてその買主が売買契約上の債務を履行しないということで行われる売買契約の解除は、売買契約をそのまま存続させることが不相当であると認められる事由により初めから売買がなかった状態へ戻す性質をもつものであって、新たに所有権を取得するというものではないから、農地法による県知事〔裁判になった当時の許可権限者で、現在は農業委員会になっています。〕の許可を要しないとされています（最高裁、昭和三八年九月二〇日判決）。したがって、質問のように、すでに所有権が買主に移転している場合においても、その売買契約の解除に当たって農地法の許可をうける必要はありません。

なお、債務不履行などの法定事由がなく、当事者の合意による売買契約の解除は、新たな所有権の移転という性質をもつとみられますから、その解除に当たっては農地法の許可を必要とします。

《11》売買契約後の売主の増額請求は

? **私は昨年十二月、地主との間で三・三平方《メートル》当たり（坪当たり）一万円で畑九九一平方《メートル》（三〇〇坪）を買う契約をし、契約金として約一五〇万円を支払いました。そして地主とともに農業委員会の許可を申請して最近その許可がありました。早速地主に残金を支払うから登記をしてほしいと申し込みましたところ、地主は、地価が上ったから三・三平方《メートル》当たり一万五千円に増額してほしい、もし増額を承諾しなければ破談にする、破談になれば契約金のうち五〇万円しか返さないといっています。私は土地がほしいのですが、地主のいうことは法律上正しいでしょうか。お教え下さい。**

! 農地について売買契約をしたときは、売主（所有者）も買主も、その売買契約を一方的に破棄することは原則として許されません。売買に当たって相手方に詐欺、強迫などがあった場合（民法第九六条）または相手方が売買契約上の義務を履行しない場合（民法第五四一条）には、売買契約を破棄（解除）することは許されますが、売主が、地価が上がったから増額しなければ破談にするとか、売りたくなくなったから解除するとかというようなこ

とは許されません。なお売買契約をして買主が売主に手付金（契約金）を支払ったときはその履行に着手する前であればお互いに契約を解約することができますが、この場合には買主からやめるときは手付金を放棄し、売主からやめるときは受け取った手付金の倍額を買主に支払うことが必要です（民法第五五七条）。この場合、農地の売買契約について農地法の許可の申請をしたときは、契約の履行に着手したことになりますから、この解約もすることができません。したがって、売主が言っていることは、一般的には法律上許されないことだと考えます。

農地の売買について、農地法上の許可を受けたときは、その売買は効力を生じますから、買主は売主に残金の受領と所有権移転登記をするよう請求できます。もし売主が応じないときは、売買代金の残金を供託したうえ、裁判所に売主を相手方として、所有権移転登記手続きを請求する訴えを提起し、その勝訴確定判決を得て、買主だけで登記の申請をすることができます。なお、もし裁判までやりたくないときは、地方裁判所に民事調停法による農事調停を申し立てて調停してもらうことも一つの方法です。調停は手続きも簡単で大した費用もかかりません。詳しい手続きは、県小作主事か、裁判所におたずね下さい。

《12》仮登記をしておいた農地をいま取得できるか

?

私は八年前に農地を買うため売買契約をし、その仮登記をしたまま今日にいたりました。私の現在の耕作面積は五〇《アール》に達しませんが、この農地の所有権を取得することができるでしょうか。

なお、この農地は、現在第三者によって耕作されております。

!

農地を売買するには、農地法の規定により許可を受けることが必要であり、この許可を受けないでした売買はその効力を生じないこととされています（農地法第三条第六項）。

あなたは、八年前に農地の売買契約をされたとのことですが、その売買につき農地法の許可を受けておられるのでしょうか。農地の売買につき農地法の許可を受けているときは、契約上所有権移転の時期につき特別の定めがある場合を除き、その許可のあったとき、またはその地域の取り引き慣行により所有権が移転されるときに、買主に所有権が移転したものと解されます。この場合には、許可書を添えて、売買による所有権移転の登記を申請することができます。もし、農地の売買につき農地法の許可を受けていないときは、売買による所有権移転の効力は生じておりませんから、その農地の所有権を取得するためには農地法の許可を受ける必要があります。

農地法第三条の許可は、その許可基準が法律で規定されています（農地法第三条第二項）。

まず、第三者によって耕作されているということですが、その貸借関係は農地法の許可を受けるなど有効なもので、それが第三者に対し対抗することができるものであれば、その農地の所有権（底地）を取得できる場合は農地法施行令第二条第一項第二号で①許可の申請の際現に耕作の事業に供すべき農地を全て効率的に利用、②取得する農地で自らの耕作が可能となる時期が明らかで、耕作が可能となった場合に耕作に供すべき農地の全てを効率的に利用して耕作を行うと認められることが必要です。この判断の際には、耕作している者に対して継続の意向を確認し、取得者の耕作が可能となる時期が一年以上先である場合には取得を認めないことが適当とされています（処理基準第3・3・（4））。

許可を受けていない場合は耕作権をもっているとはいえないので、貸借権のない農地の所有権取得と同様になります。

次に、農地の権利を取得しようとする者の権利の取得後の経営面積が北海道にあっては二ヘクタール、都府県にあっては五〇アール（農業委員会が農林水産省令で定める基準に従い、これに代わるべき面積を定めて公示したときは、その面積）に達しない場合には、原則として許可できないことになっています。あなたは、現在の耕作面積が五〇アールに達しないとのことですが、新たに取得する農地が取得後あなたが耕作できる農地であり、その面積を合計すると五〇アール以上となる場合には、許可しうることになりますが、そうでない場合には、原則として許可できません。

以上のほか、あなたの具体的事情がわかりませんが、①あなたか世帯員等が取得後において耕作すべき農地の全てについて効率的に耕作すると認められない場合、②あなたか世帯員等が農作業に常時従事すると認められない場合、③あなたか世帯員等の取得後に行う耕作が、農地の位置・規模からみて、農地の集団化、農作業の効率化その他周辺の地域における農地の農業上の効率から総合的な利用に支障が生ずるおそれがあると認められる場合にも、農地の取得は許可できないこととされています。

《13》買主が仮登記を転々と移転している場合

？

私は老齢で耕作困難なため、所有農地一〇アールを売却しようと思い、甲と売買契約をして農地法三条の許可申請をしました。ところが農業委員から甲は遠隔地で許可にならない見込みが強いといわれたので、甲との売買契約は解約し、ある人の仲介で乙と売買契約をし、その仮登記をしました。

その後、農業委員会から甲との売買について許可書が交付されましたが、すでに解約しており、反対に乙に対しては、農地法の許可手続をとるよう再三申し入れていますが、一向に応じてくれません。

登記簿を調べたら、仮登記は乙から丙へ、さらに丙から丁へ移転しております。早く売却し、残金を受領して登記を済ませたいのですが、どうしたらよいでしょうか。

！

農地法の許可は当事者（売買の場合には売主と買主）間に農地についての権利の設定移転をするための法律行為（売買の場合には売買契約）を補充して権利の設定移転の効力を生ぜしめるものですから、すでに売買契約が解約されている場合には、許可があっても、その当事者（あなたと甲）間に所有権が移転することはありません。

つぎに農地について、売買契約をし、その仮登記をしている場合に、買主がその仮登記を第三者に移転するためには、買主がその農地を第三者に転売するか、または売買契約上の買主の地位を第三者に譲渡するかのいずれかが必要です。買主がその農地を第三者に転売した場合には、売主と転買人（あなたと丙あるいは丁）との間には、売買契約関係はありませんから、売主（あなた）は買主（乙）に売買契約の履行（農地法の許可申請手続き）を請求すべきです（なお、このような場合には、買主（乙）はみずから耕作する見込みがないから、農地法の許可はされません）。

また、買主が売買契約上の地位を第三者に譲渡する場合には、契約上、地位の譲渡ができる旨の特約がない限り、売主の承諾を要するものと解されています。

したがって、おたずねの場合、乙から丙、丙から丁へ売買契約上の買主の地位が譲渡されたものであり、売買契約上、その地位の譲渡ができる旨の特約がなく、かつ、その地位の譲渡につきあなたの承諾も得ていないときは、あなたは乙に対し農地法の許可申請手続きを請求すべきです（もし、その地位の譲渡ができる旨の特約または地位の譲渡につき、あなたが承諾したと認められる場合には、あなたは丁に対し許可申請手続きを請求すべきです）。

あなたが農地法の許可申請手続きをとるよう必要な書類を揃えて請求しても、相手方がこれに応じない場合には、特段の事情がある場合を除いて、あなたは売買契約を解除することができます。このような場合には、売買契約を解除して、新しい買い手をみつけて売買する方がよいでしょう。

《14》共同耕作のため農地の共有取得は許可されるか

？　現に農地法第三条第二項第五号の五〇《アール》以上の経営面積をもつ農家三人が集

まって新たに共同耕作をするために農地約三㌶を共同で買おうということになりましたが、このような場合農地の共有取得は許可されるでしょうか。

また、共有取得をした農地について将来共有者の一人または二人が共同耕作をやめるため残りの共有者がその持分を譲り受ける場合にも、農地法の許可は必要でしょうか。

!

農地の権利を取得しようとする場合には、農地法第三条第一項の規定による許可を受けなければなりませんが、この場合の許可基準の一つに、農地の権利を取得しようとする者又はその世帯員等がその取得後において耕作すべき農地の全てについて効率的に耕作を行うと認められないときは許可できないこととされています（法第三条第二項第一号）。これを農地の共有取得についてみてみますと、共有取得者が従来から耕作すべき農地を完全に耕作しており、かつ、新たに共有取得をする農地の全てについて耕作することが必要です。したがって、共有取得農地について取得者三人が共同で耕作する場合には、許可しうることになります。なお、三人の共有取得者が、取得後には共同耕作をせず、共有農地を分割利用をするような場合には、取得者が耕作すべき農地の全てについて耕作をしないことになるので、このような共有取得は原則として許可されません。

農地の共有持分の移転は、農地法第三条第一項の許可を要すると解されており、その持分移転が共有者の間で行われる場合にも同様です。

《15》共有者が行方不明の場合の土地の形質の変更

?

共有農地の持分権を購入しましたが、他の共有者が行方不明の場合、農地の形質変更は認められますか。

!

土地に限らず、共有物の管理については、次のように定められています（民法第二五一条、第二五二条）。

①保存行為（共有物を修理したり、妨害者を排除する行為等）は各共有者が単独でできます。

②一般の管理行為は、共有者の持分の過半数で決定してやることになっています。

③ただし、共有物に変更を加えるには、共有者全員の同意が必要です。

従って農地を宅地にしたりすることは、不在の共有者の同意も得る必要があるわけです。

ところで行方不明の不在者に対して同意を求める手続きをすることは事実上できません。この場合、他の共有者は利害関係人として、家庭裁判所に対して不在者の財産管理人の選任を求めることができます。家庭裁判所によって選任された管理人は、不在者の財産の保存行為と、財産の性質を変更しない範囲内において、その財産の利用や改良をする行為は自由にできますが、その他の財産の処分行為等は、家庭裁判所の許可を受けなければできないことになっています。そこで本問の場合は、不在者の財産管理人が、共有農地の形質を変更して利用することについて家庭裁判所の許可を受けて、他の共有者との間に合意が成立すれば、形質変更による利用もできることになります。

なお、共有者が不在の場合、共有農地の管理費用、公租等の共有者として負担すべき支払やその他の義務を履行してもらえず他の共有者が立替えたままになり困る場合も生ずると思われます。そこで一年以上も義務の履行がない場合は、他の共有者が不在者の持分権を取得する途が開かれています（民法第二五三条第二項）。この方法は、持分権の価額に相当する代価を提供して、取得する旨の意思表示をすることです。実際には財産管理人を選任してもらって、それに対してすることになると考えられます。この手続きは代価の提供等適法であれば、一方的な取得の意思表示で効果が生ずるということ、即ち相手の同意がなくてもよいことが特徴です。この場合、農地であれば、農地法上の許可をうけなければ、持分権移転の効力を生じないことはもちろんです。

《16》河川敷である耕作地は耕作面積に算入されるか

？ 農地法第三条の農地の売買の許可を申請する際、その農地を買い受けようとする者が河川区域内の土地を耕作している場合には、下限面積基準の適用に当たってはこれをその取得者の経営面積に算入すべきでしょうか。

！ 河川法による河川区域内の土地――いわゆる河川敷地には、流水の敷地となるべき区域内の河川敷地とこれと一体的に管理することが必要な区域内の河川敷地との二種類があります（河川法第六条第一項）。また、現行河川法のもとでは、河川敷地には私的所有権が認められ、前者の多くは国有等である場合が通常であろうと考えられますが、後者については一般私人の所有地のまま河川区域に指定されることが考えられます。

河川敷地のうち前者すなわち流水の敷地となるべき区域内の土地については、常態としては流水の敷地に供される土地という性格をもっており、これが耕作されていてもいわゆる一時的空閑地利用的な耕作にすぎず、したがって農地法にいう農地に該当しないと認められるのが通常であろうと考えます。

他方、河川敷地のうち後者すなわち流水の敷地となるべき区域内の土地と一体的に管理することが必要な区域内の土地については、河川管理上の一定の制約はあるものの、河川管理に重大な支障を及ぼさない範囲で耕作することは可能でありますから、冠水がまれで、生産が安定しており、その土地が継続的に耕作されている限り農地法にいう農地に該当するものと考えられます。

農地法第三条第二項第五号のいわゆる下限面積基準の適用上耕作面積に算入される耕作地は、農地法にいう農地であること、それから権原に基づき耕作すべき土地であることが必要であると考えられます。

したがって、河川区域内の土地すなわち河川敷地のうち前者に属する河川敷地については、前に述べたとおり通常の場合、耕作されていても農地法の農地に当たらないことから、いわゆる下限面積基準の適用上耕作面積に算入すべきでないと考えられ、他方、後者の河川敷地については、前に述べたとおり農地法にいう農地に該当すると認められるものは、下限面積基準の適用上その取得者の面積に算入すべきであると考えます。ただし、後者で国有地たる河川敷地について占用許可を得ず、いわゆる無断耕作をしている場合には、算入すべきでないと考えられます。

《17》抵当権のある農地の売買は許可できるか

？ 農地の売買のために農地法第三条第一項の許可申請があったが、その申請農地に抵当権が三番までついている場合、これを許可できるでしょうか。もし、許可しても、抵当権が実行されて競売になれば、買受人は耕作できなくなるので、買受人が耕作するとは認められないのではないでしょうか。

！ 農地法第三条に基づく許可は、農地法の立法目的に照らして、申請に係る農地の所有権移転等につき、その権利の取得者が農地法上の適格性を有するか否かの点についてのみ判断して決定すべきであり、それ以上に、その所有権移転等の私法上の効力の成否等の点についてまで判断すべきでない（最高裁、昭和四二年（オ）四九五号　昭和四二年一一月一〇日第二小法廷判決、判時五〇七―二七）と解されています。したがって、同条の許可は同条第二項各号の許可をできない場合に該当する場合、その他農地法全体の趣旨に反する場合を除き、許可すべきものとして運用されています。

売買される農地に抵当権が設定されている場合には、将来その抵当権の実行により第三者が競落し、これに対抗できない買受人は所有権を失い、したがって耕作できなくなることは考えられますが、これは、たとえば売買の許可をした後その売買契約が解除されたり、取り消されたりして、その買受人が耕作できなくなる場合と全く同様の性質をもつ私法上の問題であり、これがどのようになるべきかは農地法上の問題ではありません。もっとも、抵当権の実行によって第三者が所有権を取得する場合には、その取得については農地法上の許可を要し、取得者が適格者であるか否かを判断することになります。

したがって、抵当権が設定されている農地の売買につき許可の申請があった場合には、抵当権が設定されていない農地の売買の場合と同様の基準により許可、不許可の決定をすべきであると考えます。

《18》農地等の買受適格証明とは

?

農地等が競売に付された場合に、その競売に参加しようとする者は、買受適格証明書が必要であるとききましたが、これはどこでもらえるのでしょうか。また、その申請手続きはどうすればよいでしょうか。

!

農地等が競売に付され、売却により所有権が移転する場合にも、農地法第三条または第五条の規定による許可を要するものと解されています。したがって、通常の競売手続きにより無制限に競売に参加させた場合には、農地法上の適格性を有しない者が最高価買受人等となることが考えられますが、かかることは競売の手続き上および経済上無駄なことですので、競売と許可とを調和させるための運用上の措置として、買受適格証明制度が設けられています。

すなわち、裁判所は、農地法により所有権の移転につき許可または届出を要する農地等につき競売を行う場合には、民事執行規則第三三条の規定により当該許可または届出受理の権限を有する行政庁の交付した買受適格証明書を有する者に限り買受けの申出をすることができることとされ、これに対応して、農地法の許可または届出受理の権限を有する行政庁では、買受適格証明書を交付することとされています（「民事執行法による農地等の売却の処理方法について」平成二四年三月三〇日二三経営第三四七五号・二三農振第二六九七号農林水産省経営局長、農村振興局長通知）。

買受適格証明書の交付を受けるための買受適格証明願は、当該許可または届出の手続きに準じて行うこととされています。したがって、農地等を耕作目的で競落しようとする場合には、農業委員会に対し農地法施行令第一条の許可申請書および申請手続きに準じ、転用目的で競落しようとする場合には、知事に対し農地法第五条第三項（第四条第二項、施行規則第三十条、三十一条、五十七条の四）の許可申請書および申請手続きに準じ（届出の場合には、農業委員会に対し農地法施行令第十条、農地法施行規則第五〇条の届出書及び届出手続きに準じ）て行うことになります。

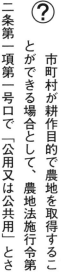

《19》市町村が耕作目的で農地取得ができる公用または公共用とは

？ 市町村が耕作目的で農地を取得することができる場合として、農地法施行令第二条第一項第一号ロで「公用又は公共用」とされていますが、この「公用又は公共用」とは具体的にどんなものに利用することをいうのでしょうか、その範囲をお教え下さい。

！ 一般的に農地を耕作目的で売買等をするには、農業委員会の許可をうけることが必要であり（農地法第三条第一項）、この許可の基準は法律（同条第二項・第三項）で定められています。法人の農地の取得については、農地所有適格法人以外の法人は解除条件付の使用貸借又は賃貸借の場合及び政令で定める相当の事由がある場合を除き、許可できないこととされています（同条第二項第二号・第三項）。

市町村も法人であり、したがって、第二項の例外としては「政令で定める相当の事由」がなければ農地の取得が認められませんが、市町村についての「相当の事由」としては「公用又は公共用に供する」場合が定められています（農地法施行令第二条第一項一号ロ）。この「公用又は公共用に供する」場合とは、市町村の事務または事業の用に供するもの、たとえば学校の実習農場、試験圃場、街路樹用の樹苗圃などが公用に供する場合に当たり、市町村が一般公衆の利用に供するもの、たとえば住民の飼育する家畜の公共牧場、地方公共団体が開設する市民農園などが公共用に供する場合に当たると考えてよいでしょう。

《20》売買契約成立後農委のあっせんを受けたいが

？　農業振興地域では、農業委員会が農地の売買のあっせんを行っており、農業委員会のあっせんで農地を買うといろいろ有利なことがあると聞いております。

すでに農地の売買について個人間で売買契約が成立しているが、いろいろな利点を受けるため農業委員会のあっせんを受けたい場合、可能でしょうか。

！　農業委員会の行う農地移動適正化あっせん事業は、農業振興地域の整備に関する法律第一八条に基づき、農業振興地域整備計画に定められた農用地区域内において、農地等が農業経営の規模の拡大、農地の集団化その他農地保有の合理化に役立つような方向に移動するようにするものです。

このような趣旨からして、農業委員会の農地等の売買のあっせんは誰にでもするというのではなく、農業生産の担い手に対し農地の買受け、借入れ、または経営農地の集団化が促進されるようあっせんを行うものです。

具体的には、このあっせんは、農地の売却や貸付けの希望者から申出があった場合とか、農地の買い入れや借受けの希望者から申出があった場合などに、適当な買受けや借受けの相手方を選定して、その者との売買、貸借をあっせんし、または適当な売却、貸付けの希望農地が出た場合にその売主などとのあっせんを行うのが建前ですから、すでに当事者間で売買契約が成立している場合には、農業委員会があっせんに入る余地はないものと考えます。

《21》転売農地についての契約解除

? 乙は甲から農地を買い丙に転売しました。登記名義は甲です。乙は甲に代金を支払わないので甲は売買契約を解除すると同時に、甲は丙に農地の返還を求めました。丙は農地を返さなければならないのでしょうか。また乙の責任はどうなりますか。

! 農地法上の許可の有無という問題を除いてお答えします。乙が甲に対して代金を支払わないとなれば、甲は催告の上、または契約条項によっては催告をしないでも売買契約を解除できます。解除により契約は消滅しますから、乙は甲に対して原状回復義務即ち登記済であればその抹消、農地が引渡済であればその返還をした上、なお損害があれば賠償しなければなりません。この場合、農地が丙に転売されて丙名義に登記されていれば、丙は甲に農地の所有権を対抗できますから、甲は丙に対して登記の抹消や農地の返還を求めることはできず、乙との間で損害賠償の問題として解決することになります。ところが本問の場合丙名義に登記されていませんから、丙はその所有権をもって甲に対抗することができず、土地の引渡を受けていたとしても、結局は甲に返還しなければならないことになります。この場合丙は乙に対して契約上の債務不履行を理由として契約を解除し、代金を支払っていればその返還と損害があればその賠償を求めることができます。

なお甲乙間または乙丙間の売買について、農地法上の許可がなければ、乙または丙に所有権が移転しませんから、所有権は甲にありますが、問題処理のため乙との契約解除は必要です。

《22》夫から農地を贈与された妻は夫の反対があってもその農地を売買できるか

? 妻が夫から三五アールの農地の受贈と、夫の家から一六アールの農地の使用貸借権の

設定を受け、下限面積を超えることとなり農業委員会の許可を受けました。登記済後事情があって本人の実家Y町に居住しました。目下家裁で離婚調停申立中です。妻は贈与者の反対があってもその農地を売買することができますか。法三条の申請書受領および許可処分は可能でしょうか。

!

まず農地法の許可申請の取扱ですが、申請書が法令に定める形式、内容を具備したものであれば申請書の受理を拒否することはできません。

次に許可ができるかどうかは、専ら農地法の規定により、不許可事由があるかどうかによって定まります。この場合、申請当事者間の契約上の事情は考慮されないものと考えます。売買の内容はあくまでも当事者の意思表示、即ち契約によって決めることであって、行政庁が命令したり、変更したりすることはできません。従って利害関係者が契約に反対しているということも、処分には影響のないことです。許可処分があった後でも契約をお互いに解消（合意解除）することも、義務違反を理由に解除することも何ら差支えないことですし、他の利害関係人との関係で契約が実効を有しないこともあり得ます。農地法はその目的とする公益上の見地から、農地の権利移動に一定の枠を設けて制限しており、これを実効あらしめるために、許可処分をもって私法上の効力（所有権の移転等）を完全にする要件としているのです。

次に妻が贈与者の反対があっても、受贈農地を売買できるかという問題ですが、贈与により妻に完全に農地の所有権が移転しており、何らの条件もない場合は、妻は所有者として処分の自由を有していることは当然です。夫が反対したからといって法律的に売買を中止させることはできません。ただ農地の贈与契約に条件がついており、妻が条件を履行しない場合は贈与契約を解除しうることになっており、その状態にあるとか、他人に対して処分せず夫に戻す約束があるとか、離婚した場合は夫に戻すことになっている（解除条件付贈与契約）とかの事由があれば、夫が反対する法律上の理由があることになり、夫は妻の処分を制限し、自分の立場を保全するための法的手段をとることができます。このような場合でも、夫と妻とその売買の相手方の関係がどうなるかは私法上の関係で当事者間で決める問題で、農地法上の処分をするに当たっての判断材料ではありません。

なお、夫が妻に贈与した農地を前述した条件や約束に基づいて夫に戻す場合についても、農地法第三条の許可が必要となります。

《23》精神上の障害により判断能力が著しく不十分な者の財産処分の制限

? 夫は精神上の障害により物事を判断する能力が著しく不十分で、この頃家に寄りつかず、先祖伝来の財産を売却して使っています。勝手にこれ以上売られると家族の生活ができなくなるので、何とか制限する方法はないでしょうか。


! 財産はその所有者が自由に処分できるのが原則です。従って、財産処分によって家族等周囲の関係者が事実上迷惑を受けることがあっても、それだけで法律的には権利者の財産処分行為を禁止したり、制限したりできないのです。しかし精神上の障害により事理を弁識する能力が著しく不十分なる者を、そのまま放っておくことは、家族を不幸にするだけでなく本人のためにも好ましいことではありません。そこでこのような者に対して、一定の重要法律行為をするのを制限することができるようにする方法があります。

その手続きは、本人の親族等の申立によって、家庭裁判所が保佐開始の審判をします。そして保佐開始の審判を受けた者には保佐人が選任されます。

被保佐人になっても、法律行為（例えば土地の売買契約）をするのは本人です。保佐人は未成年者の親権者や精神上の障害により事理を弁識する能力を欠く常況にある者の成年後見人と違って、法定代理人ではありませんから、代理して法律行為をすることはできません。しかし本人が不動産の売買等の重要な行為をするには、保佐人の同意を得ることが必要になります。保佐人の同意が必要な行為の内容は民法第一三条に列挙されていますが、家庭裁判所は必要に応じて、さらに追加できることになっています。

本人が保佐人の同意を受けないで、前記のような重要な行為をした場合は、後になって行為を取消すことができることになっています。行為を取消すことによって、無謀な取引はなかったことになり、財産の保全を図ることができます。また取引の相手方も、被保佐人だけの取引ということになれば、完全な行為ではなく、危険が伴いますから充分気をつけることになるでしょう。

なお、浪費者については、この保佐類型の対象にされていません。

このほか精神上の障害により事理を弁識する能力が不十分なる者に補助人をつける制度が設けられています。

《24》取得時効について

? **①取得時効とはどんなことか。その対象となる権利や期間、要件等を説明して下さい。②農地を許可なく売買後占有も移し、二〇年以上経過した。この取得時効は認められますか。**

! 時効というのは一定の事実状態が永く続いた場合に、その状態が真実の権利関係に合致するかどうかを問わないで、その事実状態に即して権利や法律関係の変動を認める制度です。一定の事実状態が永く続いた場合、これを信頼し、その状態の上に種々の法律関係ができ上がります。それを後日覆すことは、法律関係の安定のため適当ではありません。また事実関係が永く続いた場合には、それが正当な法律関係かどうかを証拠で判断することは極めて困難になりますし、仮に事実関係が正当な法律関係でなかったとしても、永い間正当な権利を行使し

ないで、権利の上に眠っていた者を保護する必要がないことになります。こういう趣旨から時効制度が定められています。

時効には取得時効と消滅時効があります。消滅時効は、一定の期間権利を行使しないことによって権利が消滅する時効です。例えば通常の売掛金は二年間放置しておくと時効にかかって消滅します。しかし土地は永年放置しておいたからといって消滅時効で所有権を失うということはありません。ただ取得時効で所有権を取得する者がある場合に、その結果として所有権を失うことになります。

土地の所有権の取得時効が成立する要件はつぎのとおりです（民法第一六二条）。

①所有の意思をもって、即ち所有者として土地を事実上支配していることです。例えば土地の賃借人の占有は所有の意思のない占有であり、地主の不在により地代を納める機会が事実上なくなった等をきっかけとして、土地を自分のものにしようという意図を持ったからといって、所有の意図のあることを表示しなければ、占有の性質は変わらないものとされています（民法第一八五条）。

②平穏公然と占有していることです。

③このような占有状態が二〇年継続することです。ただし、占有を始めたときに善意即ち土地所有権が自分にあると信じており、かつ善意であることについて過失がない場合は、一〇年間占有が継続することによって時効が完成します。

土地の賃借権も取得時効の対象となる権利と考えられています。時効成立の要件は所有権と同様ですが、ただ占有が所有の意思でないことは当然です。そして賃借人としての外形、即ち地代の支払が必要です。地役権も時効で取得できますが、これは継続かつ外形上認識することができるもの（地表の水路による引水地役権、通路を開設した通行地役権等）に限られています。

時効の効力で注意すべき点をのべてみましょう。

①時効による権利の変動は、時効期間の満了の時ですが、時効が完成すると、時効期間の初めから権利者であったことになります（民法第一四四条）。

②時効の援用といって、時効の利益を受ける者が

その旨の意思表示をする必要があることです。土地所有権の訴訟で、時効の要件が揃っていても、本人が時効を援用する旨主張しないと裁判所が所有権を認めることはありません（民法第一四五条）。

③時効による権利取得は原始取得といい、前権利者から権利が移転するものではありません。従って前権利者の権利に欠点があっても、時効取得者の権利には関係ありません。ただし、登記は前権利者から移転登記することになっています。

質問の②の場合は、許可がなかったというだけで、占有も買主に移り、代金も済み、買主が自分の所有地として二〇年以上耕作その他所有者として支配してきたものであれば、取得時効は認められるものと考えられます（ただし、登記の関係で第三者との間では難しい問題が生じます）。

なお、取得時効で農地の権利を取得した場合には、農地法第三条の許可は不要ですが、同法第三条の三で、農地の存する市町村の農業委員会に届け出る必要があります。

《25》地目原野、現況農地の二重譲渡

? 地目は原野、現況農地の土地を所有者甲は乙に売却し農地法第三条の許可を受けた後に、登記未了のまま甲が死亡した。ところが甲の相続人Aはこの土地を丙に売却して、丙は所有権移転登記を済ませた。この場合、乙はどうなるでしょうか。

! 甲、乙間の契約は許可も受けており完全に有効と考えられ、従ってその土地の所有権は乙に移転しているものと思われます。従って甲が死亡しても、相続人であるAは甲の地位を承継しますから、乙に対して土地の所有権移転手続きをする義務があるわけです。ところがAは丙に売却したのですから、私法上は甲が丙に売却したと変わらず、典型的な二重譲渡の問題になります。

不動産の二重譲渡の場合、譲受人の権利関係の優劣は登記の有無によって定まります。即ち登記をし

た譲受人が対抗力を取得して完全な所有権者になるわけです。従って丙が農地法上の許可をうけている場合は、丙は実体的にも所有者であり、また登記によって対抗力も取得しますから、乙はその土地を取得できないことになります。乙としてはAに対して売買契約の履行不能を理由として契約を解除し、代金の返還や損害賠償を求めることになります。

しかし、もし丙がAからの買受について農地法上の許可を受けておらず、従って丙に土地の所有権が移転していないと見られる場合は、丙の登記は効力を生じていない登記原因（売買）に基づいた無効な登記ということになります。従って丙は、Aから土地所有権に基づいて移転登記の抹消を求められれば、これに応じなければならないわけです。しかし、恐らくAは丙に対して抹消登記手続きの請求をしないでしょう。その場合、乙は、Aに対して売買契約により土地の登記手続きを求めることができる債権者の立場にありますから（もちろん契約解除をしない場合です）、民法の債権者代位権を行使して、乙はAに代って、直接に丙に対して、丙がAからの所有権移転登記を抹消してA名義の登記に戻す請求をすることができます。丙は乙の請求に応じないでしょうから訴訟で請求する外ないでしょう。こうして乙が、丙に抹消登記手続きを命ずる判決を得て確定すれば、丙の登記を抹消することができます。要するにAの協力なくしてこれらの手続きができます。そうしてA名義の登記になれば、乙はAに対して移転登記を求めることができます。この場合二重の手間を省くため、Aに対する請求も、丙に対する訴訟と同時にするようにします。

なおAが、土地が甲から乙に売却され、乙に所有権が移転していることをよく知っていながら、丙に売却したときは刑事上の問題（横領）も生ずることになります。

《26》仮登記済の農地と相続放棄

？　**農地所有者Aが市街化調整区域内の農地を半分ほど、会社Bに売却した（この会社は現在は倒産し消滅）。Bは多数の一般人C等に転売し、A、C等間の仮登記を設定している。Aの息子は残余の農地の贈与を受けて登記済である。この場合、Aが死亡し、息子は売却済の仮登記の農地について相続を放棄した場合、仮登記権利はどうなりますか。**

！　まずAの息子（Dとする）の相続放棄ですが、Dが相続を放棄するとしますと、仮登記のされている農地についてのみ放棄することはできないのであって、Aの相続開始時（死亡時）の全財産即ち資産負債全部について放棄することになります。この意味においてDが相続を放棄した場合、誰が相続人になるかは民法に定められています。次順位の相続人が一人もおらず、あるいはすべて相続を放棄したときは、Aの相続人は不存在という状態になり、Aの財産は一応法人とされ、相続財産管理人が選任されて清算手続きが行われることになります。

従って農地について仮登記をしたC等は現実にAの相続人となった者あるいは相続財産管理人との間で法律関係を処理してゆくことになります。

B会社は倒産し消滅とありますが、社会的事実としては消滅状態にあっても、債権債務を整理し適法に清算手続きを終了したのでない限り、法律上人格が消滅しませんから、依然として法律関係の当事者として残ることになります。

さて仮登記権利者Cの権利がどうなるかは、A、B、C間の契約の内容によって決まることです。A、C間に仮登記するに当たって、CはBのAに対して有する権利を譲り受け、Aがこれを承諾して仮登記したとみられる関係であれば、A、C間の法律関係のみが残っており、CはAの相続人もしくは相続財産管理人との間で仮登記に基づく関係を解決することになります。しかしA、C間の法律関係のみになっていないとみられる場合は、Cは仮登記の存在を理由としてそれによって保全された権利をAの相続人や相続財産管理人との間でのみ解決することができないことになります。

《27》用地買収に当たり真実の所有者と登記名義人が異なる場合

? **用地買収に当たり、土地が登記名義人以外の不在者に売却され所有権が移転している場合、不在者の承諾が必要ですか。登記名義人は第三者のものであり関係ないとしています。ただし、登記手続きは第三者が承諾すれば協力すると言っています。**

! 用地買収といっても、この場合は土地所有者と交渉して売買契約を締結して取得することを意味しているものと考えられます。そうであれば、土地の真実の所有者と用地買収について交渉し、契約をしなければならないわけです。登記名義人は、真実自分の所有でなければ、契約を締結することができず、もし登記名義が自分にあることを奇貨としてその土地を処分すれば、真実の所有者との関係で、いろいろ法律上の問題が生じることになります。しかも用地を買収した当局が、登記名義人を所有者としてその者と契約し、所有権移転登記も完了すれば、土地所有権は買収当局に移転します。いわゆる土地の二重譲渡の関係になります。

本問の場合、登記名義人が自分の所有ではないと言っているのですから、真実の所有者と契約する外ありません。

真実の所有者と契約する場合においては、登記手続きについても取り決めなければなりません。真実の所有者に登記名義を移転した上で買収当局に移転するか、あるいはいわゆる中間省略登記手続きで登記名義人から直接に買収当局に移転するか、いずれでもよいわけです。しかし、いずれにしても登記名義人が関係してきますので、それを除外した契約では登記手続きが円滑に進まないことになります。本問の場合、登記名義人は中間省略登記手続きを了解しているわけです。登記名義人と第三者の間に土地所有権について争いがあったり、あるいは真実の所有者がはっきりしない場合等は、契約の相手方が決まらないことになり、任意の売買による用地買収は困難になります（登記名義人と契約できる場合は、特別の例外を除いて、それだけで差支えないことは前記の通りです）。

《28》農地売買契約上の注意点

？ 農地の売買契約をする場合に、どのような点に注意すべきでしょうか。

！ 農地の売買といっても結局土地の売買です。農地法の手続きに関するものを除いて若干留意すべき点を述べます。

①まず土地の権利関係を登記簿によって調査する必要があります。所有名義人、担保権の関係、差押等の処分の制限、仮登記の有無等です。契約の交渉相手が所有名義人でない場合は、相手に売買の代理権がなければなりません。また名義人が死亡して、相続登記がされていない場合は、相続関係がどうなるか調査しなければなりません。遺産相続では相続人が多数になり遺産分割に多大の手数と時間がかかることがありますから、遺産分割が済んでいない場合は現実の占有者（使用者）と契約しても、登記等契約の履行ができない場合があります。

担保権や処分の制限の仮登記等がある場合は、それぞれその処理を決めなければなりません。

②土地の売買には一筆全部を売買する場合と特定の面積（部分）を売買する場合があります。特定の部分の売買ではあらかじめ現地で境界を定めて面積もはっきりさせておく必要があり、分筆手続きもしなければなりません。一筆全部の売買では、境界は理論的にはその地番の境界になりますが、明確でない場合は、売買前に隣地の所有者立会の上で決めておくべきです。一筆全部の売買でも、地価の高いところでは実測して坪単価を基に総代金額を決めることが多いようですが、そうでなく総代金額のみを定

めた場合は、必ずしも実際の面積を問題にしているわけではないので、将来公簿面積に比較して多少増減があることが判明しても、代金額の増減を請求できるとは限りません。

③農地に立木あるいは設備がある場合は、売買にそれが含まれるかどうか、その代金関係も明確にすべきです。独立して取引する価値のない立木は通常土地に含まれるものと考えられていますが、いずれにしても契約上はっきりさせて後で紛争にならないようにすべきです。

④契約に当たって通常買主から売主に渡される手付金は、特別の約束がない限り解約手付と解されています。即ち売主は受け取った手付金の倍額を返還し、買主は渡した手付金を放棄して契約を解消することができます。したがって、手付金の額が多ければ、契約の解消が困難になります。

ただし契約の履行に着手した後（当事者が許可申請書を提出するのは履行の着手とされる）は取止めにすることはできません(民法第五五七条)。

⑤契約はお互いに履行することを予定してなされるものです。そのためには単に相手の誠意を期待するだけではなく、履行を確保するための条項を決めなければなりません。その一つは義務の履行（買主の代金の支払、売主の引渡、登記等）が遅れた場合に相手に支払う損害金を相当額に定めておくことです。

つぎに義務の履行が遅れ、契約を解除した場合の損害賠償額を定めておくことです。そしてさらに確実にするため保証人を付けます。なお買主の立場では、仮登記の条項を決めなければなりません。

⑥売買目的の農地の利用上の点から、通路や水路、用水の問題があります。他人の土地の通行関係や水の関係は、民法の相隣関係や地役権の関係、地方の慣習等が関連して相当難しい法律関係になる場合があります。

特に土地条件の整備されていない山間部の農地の場合にこのような問題があると思います。十分に調査して、問題がある場合は、事前に関係者と話を決めるなりして結論を出しておく必要があります。

《29》 農地売買等にも国土法の手続きが必要か

?

農地の売買貸借などをする場合には、農地法によって農業委員会の許可を受けなければならないことは知っております。ところが国土法に基づき、土地の売買などそちらの方の許可も要ると聞きましたが、農地については、両方の許可が要るのですか。また、二つの許可のうち一方が不許可になっても、他方が許可になればよいのでしょうか。

!

農地について売買や貸借などをする場合には、農地法では転用目的の売買や貸借などについては知事等の許可を、その他の売買や貸借などについては、農業委員会の許可を、それぞれ受けなければ、その効力が生じないことになっています（農地法第三条、第五条）。

他方、国土利用計画法（以下「国土法」という）でも、土地取引についての規制が設けられており、知事が指定した規制区域内の土地取引については、知事の許可を受けなければ売買契約などの効力が生じないこととし、その他の区域内の土地取引については知事への届け出をしなければならないことになっています（国土法第一四条、第二三条）。この場合、許可または届け出の対象となる取引は、土地の所有権、地上権または賃借権の移転または設定に関する売買契約、貸借契約などの契約の締結で、その移転または設定が有償であるものに限られます（国土法第一四条）。

また、農地の取引で農地法第三条の許可を受けることを要する場合は、国土法の許可または届け出を要しないことになっています（国土法令第六条第七号）。

したがって、転用目的での農地の売買は国土法の許可または届け出と農地法の許可の両方が要りますが、耕作目的での農地の売買は、従来通り農地法の許可だけでよいことになります。また転用目的であっても、農地の贈与やいわゆる権利金の授受がない農地の賃貸借は国土法の許可または届け出は不要で、農地法の許可だけでよいことになります。なお、国土法の届け出は、その取引面積が、都市計画法の市街化区域内にあっては、二千平方メートル、市街化区域以外の都市計画区域内にあっては五千平方メートル、その他の区域内にあっては一万平方メートル未満であるときは、不要です（国土法第二三条第二項）。

転用目的での農地の売買は、農地法の許可と国土法の許可または届け出の両方の許可手続きを要することになりますが、この場合、順序としては、まず国土法の許可を受けるか、または届け出をして売買契約を締結、その後に農地法の許可を受けることになります。

国土法の土地取引規制と農地法の権利移動規制とについては、国民の権利保護の見地から運用上、相互に調整を図って、できるだけ統一した許可、不許可等を行うこととされています。しかし、それぞれの法律によって規制の目的、規制基準が異なっているので、完全に統一できない面があって、国土法で許可になっても農地法で不許可になるということも生じますが、これはやむを得ないと考えられます。

転用目的での農地の売買契約の締結について、国土法の不許可処分があったときは、売買契約を締結することは許されません（もし、売買契約を締結してもその契約は無効です）。国土法の許可があって農地の売買契約が締結され、農地法の許可があったときは農地の売買はできますが、もし農地法で不許可になったときは所有権移転の効力が生じないこととなります。したがって国土法、農地法の両方の許可があってはじめて売買の目的を達することができます。

なお、国土法の届け出は効力要件でないので、利用目的が相当でないなどの理由により契約締結の中止の勧告があっても、契約を締結し、農地法の許可申請をすることは理論的には可能ですが、右にも述べたとおり、勧告に当たっては農地法の許可との調整も図って行われていますから、利用目的が不相当な場合には不許可処分になる場合が通常ではないかと考えられます。

《30》息子に耕作を任せる場合、農地法上の問題は

? **私は、四十年間、会社勤めのかたわら妻とともに、借地三十アールを含め六十アールの水田を耕作してきましたが、高齢のため、息子に耕作を任せたいと思っています。農地法上、問題はないでしょうか。**

! 農業経営を行う上で、同一世帯の中あるいは世帯は別でも親子の間で農地の所有者と実際の経営主が違う場合はよくありますが、このような場合、所有者と経営主との間に貸借契約をして、経営主が所有権以外の使用収益権をもっているということは稀（まれ）で、通常は何ら貸借関係を生ぜしめないまま事実上所有者以外の者が経営を主宰していることが多いのではないでしょうか。

農地法では、このような家族経営農業の実態にあわせて、耕作または養畜の事業を行う者と住居及び生計を一にする親族（世帯員）並びに当該親族の行う耕作又は養畜の事業に従事するその他の二親等内の親族を「世帯員等」として権利取得の対象などとしています（農地法第二条第二項）。

ご質問の場合、あなたと息子さんが同居されているか明らかでありませんが、「世帯員等」であれば、農地の所有権や賃借権を持ち続けていたとしても、農地法上、特に問題はありません。

もちろん、農地についてあなたがお持ちになる所有権や賃借権を息子さんに譲渡しても構わないのですが、その場合には、農地の権利を移動することになりますから、農地法第三条の規定による農業委員会の許可を受けることが必要になります。

なお、息子さんが譲り受ける農地の中に借地が含まれる場合には、その借地に係る権利の移転は、賃借権の転貸ないし譲渡に当たることになるので、貸し主の同意を得ておかないと、賃貸借の解除事由になる場合がありますから、注意が必要です。

《31》農地に抵当権を設定する場合、農地法の許可が必要か

> ❓ 農地に抵当権を設定する場合、農地法の許可は必要ですか。また、抵当権の実行により農地を競落し所有権を取得しようとする場合はどうですか。

❗ 国土が狭く、その三分の二は森林が占めるという我が国において、食料の安定的な供給を図るためには、優良な農地及び採草放牧地（以下「農地等」という）を確保し、これらを効率的に利用する必要があります。

このような観点から、農地法では、①農地を効率的に利用する耕作者による地域との調和に配慮した農地についての権利の取得を促進する（農地法第一条）ため、農地等の所有権の移転、賃借権等の設定等について農業委員会の許可を要することとし（農地法第三条）、また、②農地等の農業上の利用と農業以外の利用との調整を図りつつ、優良農地等を確保するため、農地等の農地以外のものへの転用について原則として都道府県知事等の許可を受けなければならない旨を規定しています（農地法第四条、第五条）。

おたずねの抵当権の設定は、目的物である不動産の占有を移さず、使用収益関係に変更を生じさせることなく、目的物を担保の用に供することにより目的物から優先的に弁済を受けることができる権利です（民法第三六九条）。このように、農地等に抵当権を設定すること自体は、農地等の利用関係に変更を来すものではないので、農地法の許可を受ける必要はありません。

また、農地等に設定された抵当権が実行され、不動産競売手続において買受人となる場合には、農地等の所有権が移転することとなるので、農地法第三条又は第五条の許可等が必要となります。この場合、競売に参加できる者は、その農地等の所有権移転の許可等の見込みがある者として許可権限を有する農業委員会等から買受適格証明書の交付を受けた者に限定されています（民事執行規則第三三条）。

《32》所有権移転未登記の間の抵当権登記を無効にできないか

？　父は、農業委員会の許可を受けて農地を購入しましたが、所有権移転登記を後のばしにしていました。未登記のうちに、当該農地に売り主の借金の担保として金融機関から抵当権設定登記が付されてしまいました。この低当権設定登記の無効を主張できるでしょうか。

！　農地の売買、貸借等の権利の移転、設定については、一般的には、農地法の許可を受けるか、市町村の作成する農用地利用集積計画の公告によらなければ、その効力を生じません。

しかし、許可を受けるなどにより有効に農地の所有権を取得しても、それだけでは買い主は、売り主またはその相続人などの包括承継人以外の第三者に対して、法律上、自分がその農地の所有者であると主張（対抗）することができません。

農地の賃貸借については、農地法第一六条の特例の規定により登記がなくても物権を取得した第三者に対抗できますが、所有権については、第三者に主張できるようにするには、民法第一七七条の規定により、原則として登記をすることが必要です。

あなたのお父さんは、この原則からしますと、所有権移転登記がされていないので、第三者である金融機関（抵当権者）に自己の所有権を主張できず、抵当権の無効も主張できません。後日、所有権移転登記をしたとしても、抵当権付きの農地を所有することになり、売り主が債務を履行しない場合には、その農地は競売されることもあり得ます。なお、この競売によりお父さんが所有権を失った場合には、買い主たるお父さんは、売り主に対して売買契約に基づく債務の履行不能を理由とする損害賠償請求を行うことができます（民法第四一五条）。

ともかく、財産を守る上では、農地の所有権移転の許可を受けた場合にも、直ちに登記することが大切です。

《33》妻の名義で農地の取得が可能か

> **?** 私は、十《ヘクタール》規模の農業経営に取り組んでいます。規模拡大のために購入予定の四十《アール》の農地について、農地の権利を一切持っていない妻の名義にしたいと考えていますが、可能でしょうか。また、農業大学への就学のため下宿している息子名義にしたい場合は、どうでしょうか。

! 耕作目的で、農地の所有権を取得しようとする場合には、原則として農地法第三条第一項の許可を受けることが必要です。

この許可を受けるには、適正かつ効率的な農地利用の確保の観点から、①取得後の農地の全てで効率的に耕作を行う、②必要な農作業に常時従事する、③取得後に都府県で原則五十《アール》（北海道二《ヘクタール》）以上の経営面積となる、④周辺の地域における農地等の農業上の効率的かつ総合的な利用に支障が生ずるおそれがない――等の要件を満たすことが必要です（同法第三条第二項・第三項）。

これらの要件の判断は、我が国農業経営の大部分が家族を中心として行われている実態から、農地の権利を取得しようとする名義人のみによることなく、その名義人の属する住居及び生計を一にする親族（世帯員）並びにその親族の行う耕作の事業に従事する二親等内の親族（これらを合わせて「世帯員等」といっています）をも含めて判断することになっています。

つまり、世帯員等でみた場合に前記の要件が満たされればよく、たとえあなたの世帯員の一人である奥さんは農作業に従事せず、全ての要件を満たせない場合でも、あなたか他の世帯員等が全ての要件を満たせるのであれば、奥さんの名義で許可を受けることは可能です。

この場合の世帯員には、①疾病又は負傷による療養、②就学、③公選による公職への就任――などで一時住居又は生計を異にしている親族も含まれます（同法第二条第二項）。

就学されている御子息についても、この規定により、世帯員と思われますので、御子息名義で許可を受けることは可能と思われます。
詳しくは、農業委員会へおたずね下さい。

《34》農業委員会の不許可処分の取消しを求めるには

？　私は、隣のK町の農地を購入するため、農地法第三条の許可申請書をK町農業委員会に提出したところ、不許可指令書が送られてきました。この不許可処分の取消しを求める方法について教えてください。

！　一般的に行政庁がした不許可処分等の取消しを求める手法としては、①行政不服審査法に基づいて行政庁に不服申立てをする場合、②裁判所に当該処分の取消し訴訟を提起する場合（行政訴訟）があります。

まず、行政庁に不服申立てをする場合ですが、農業委員会が行う農地法第三条等の許可処分に関する事務は、当該地方公共団体の法定受託事務とされていることから、地方自治法及び行政不服審査法の規定により、農業委員会がした処分に対する不服申立ては、その処分があったことを知った日の翌日から三か月以内に都道府県知事に対する審査請求として行うことになります。

なお、審査請求を行う際には、①審査請求人（あなた）の氏名又は名称及び住所又は居所、②審査請求に係る処分内容、③処分があったことを知った年月日、④審査請求の趣旨及び理由、⑤処分庁の教示の有無及びその内容、⑥審査請求の年月日が記載された審査請求書に押印した上で、これを都道府県知事へ正副二通提出する必要があります。

裁判所に対する取消しの訴えはこれまで農地法第五四条の規定により当該処分についての審査請求の裁決を経た後でなければ提起することができないこととされていました。それが行政事件不服審査法の施行に伴う関係法律の整備等に関する法律による農地法の一部改正で、この審査請求前置主義が廃止されたため、審査請求を行わず直ちに訴訟を提起することができるようになりました。

直ちに訴えを提起する場合には、処分のあったことを知った日から六か月以内に、先に審査請求を行ったときはこれに対する裁決のあったことを知った日から六か月以内に市町村を被告として当該不許可処分の取消し訴訟を提起することとなります。

（事務処理要領様式例第一号の二記載要領四〔教示〕を参照）

《35》参加農業法人への貸し付けのための農地取得は可能か

？

私は仲間と農業経営を法人化し、所有農地は全てその法人に貸し付け、役員として農業に従事しています。今回、親戚の人から農地を五〇《アール》ほど買ってくれないかとの話があり、購入したいと考えています。購入後はすぐに参加法人に貸し付けたいのですが、農地法では、権利の取得後に自ら耕作しない場合は許可が下りないと聞きました。親戚との関係もあり、私名義で買わなければならないのですが、取得はできるでしょうか。

！

農地を売買する場合、農業委員会の許可や農用地利用集積計画の公告がなければ所有権移転の効力は生じませんし、登記簿の所有名義も変更できません。この許可や計画の要件として、「権利取得後、取得者又はその世帯員が、取得農地を含む全ての農地について効率的に利用して耕作の事業を行う」ことや「必要な農作業に常時従事する」ことがあります。農地を第三者に貸し付けるために所有権を取得することは、これらの要件に反することから、認められません。

しかし、構成員になっている農業法人（農地所有適格法人（旧・農業生産法人）に限る）に貸し付けるため、農用地利用集積計画により利用権などを取得する場合はこれらの要件が課されないこととされています。これは、農地所有適格法人を含めた集団的な土地利用を円滑に進めるための措置です。

従って、ご質問のような権利の設定移転をしたいときは、市町村（農業委員会）に申し出て農用地利用集積計画を作成してもらうことになりますが、この場合、農地所有適格法人への貸し付けも所有権移転と同じ農用地利用集積計画で行うよう指導されています。

《36》別居する後継者が農地を取得する場合の経営面積五〇アールの適用は

？

私は農業後継者として父と一緒に農業経営に従事しています。このたび、知り合いから三〇アールばかりの農地を買わないかとの話があり、将来の経営を考慮して自分名義で購入したいと考えています。農地を取得するためには農業委員会の許可が必要ですが、許可の要件に下限面積というものがあると聞きました。私たちの経営は借入地を含め二〇ヘクタールですが、所有権、賃借権ともすべて父名義となっています。私が父と一緒に住んでいれば世帯員としてこの要件を満たすそうですが、私たち夫婦は、近所ですが父とは別に暮らしており父の世帯員ではありません。私はこの農地を取得するための許可を受けられないのでしょうか。

！

農地の売買をする場合、農地法第三条に基づき農業委員会の許可を得なければ、その所有権移転の効力が生じませんし、登記簿の名義変更もできません。その許可要件の一つとして、権利取得後の経営面積が原則五〇アール以上というものがあり、下限面積要件と呼ばれています。

農地法第三条の許可要件は、基本的に住居および生計を一にする親族（世帯）単位で判断され、この下限面積要件についても、全世帯員（例えば同居の夫、妻、子）の所有権や賃借権がある農地（他に貸している農地は除かれます）を合算して判断されます。

この場合の世帯員には、農地を取得しようとする者の農業に従事している別居の子（または親）も世帯員に含まれます。

したがって、ご相談の場合、あなた名義で農地を買い入れた後もお父さまがあなたの農業経営に従事するのであれば、下限面積要件などを満たし農地を買い入れることは可能と考えます。

二　転用関係

《37》農地転用許可基準とは

？ 農地転用の許可を知事に申請した場合、許可、不許可は、何によって決められるのでしょうか。

！ 1　農地転用の許可申請があった場合に許可をするか否かの基準は次のようになっています。基準は、大きく分けて、一　農地が優良農地か否かの面からみる「立地基準」と、二　確実に転用事業に供されるか、周辺の営農条件に悪影響を与えないか等の面からみる「一般基準」――の二つになっています。

一　立地基準……優良農地の確保を図りつつ、社会経済上必要な需要に適切に対応

ア　優良農地

(1)　定義

①農用地区域内にある農地

②集団的に存在する農地その他の良好な営農条件を備えている農地（第一種農地…おおむね一〇ヘクタール以上の規模の一団の農地、土地改良事業を実施した農地等）

③第一種農地のうち市街化調整区域内にある特に良好な営農条件を備えている農地（甲種農地…おおむね一〇ヘクタール以上の規模の一団の農地のうち高性能の農業機械による営農に適するもの、特定土地改良事業等の区域内で工事完了の翌年度から八年経過していないもの）

(2)　許可の基準

原則として許可しない。ただし、次の場合には、例外的に許可する

①農用地区域内の農地

i　土地収用法第二六条の告示のあった事業（道路、学校等）の用等に供する場合

ii　農振法に基づく農用地利用計画の指定用途（畜舎等農業用施設用地）に供する場合

iii　仮設工作物の設置その他の一時的な利用に供する場合で農振整備計画の達成に支障を及ぼすおそれがない場合　等

②第一種農地

i　土地収用法第二六条の告示のあった事業（道路、学校等）の用に供する場合

ii　仮設工作物の設置その他の一時的な利用に供する場合

iii　農業用施設その他地域の農業の振興に資する場合

iv　集落に接続して住宅等を建設する場合

v　火薬庫等市街地に設置することが困難又は不適当な施設の用に供する場合

vi　国、県道の沿道に流通業務施設、休憩所、給油所等を設置する場合

vii　土地収用法第三条に該当する事業等の用に供する場合

viii　地域の農業の振興に関する地方公共団体の計画に即して行われる場合　等

③甲種農地

i　特に良好な営農条件を備えている農地であることから、第一種農地で許可する場合のうちv・viiを除くなど許可し得る場合が第一種農地より更に限定される。

ii　また、第一種農地で許可する場合のivの集落に接続して住宅等を建設する場合の施設については、敷地面積がおおむね五〇〇平方メートルを超えないものに限られる。

イ　市街地の区域内又は市街地化の傾向が著しい区域内の農地（第三種農地）

第三種農地は、原則許可する。

ウ　イの区域に近接する区域その他市街地化が見込まれる区域内の農地又は第一種農地（甲種農地を含む）、第三種農地以外の農地（第二種農地）

第二種農地は、周辺の他の土地では事業の目的を達成することができない場合に限り許可する。

二　一般基準

(1)　農地のすべてを確実に事業の用に供すること

①事業者の資力・信用はあるか

②農地を農地以外のものにする行為の妨げとなる権利を有する者の同意を得ているか

③他法令の許可の見込み　等

(2)　周辺の営農条件に悪影響を与えないこと

①土砂の流出又は崩壊その他の災害を発生させるおそれはないか

②農業用用排水に支障が生じないか　等

(3)　地域おける農地の農業上の効率的かつ総合的な利用の確保に支障を生ずるおそれがないこと

(4)　一時転用の場合は、その後確実に農地に戻すこと

(5)　一時転用のため権利を取得する場合は、所有権を取得しないこと

(6)　農地を採草放牧地にするため権利を取得しようとする場合は、第三条第二項の許可できない場合に該当しないこと

2　大規模の農地転用（原則として四㌶を超える場合）は都道府県知事等と農林水産大臣（実務は地方農政局長などが行う）との協議が行われます（農地法附則2）。

3　以上が基準の骨組みとなっている事柄ですが、細かい内容については、農業委員会や県の農地担当課でおたずねになって下さい。

《38》市街化調整区域の農地転用の許可基準

？　私の市は、都市計画法により線引きが行われて市街化区域と市街化調整区域とに分けられており、私どもの集落は市街化調整区域に編入されています。

市街化調整区域になると、農地転用は一般よりもきびしくなかなか許可されないと聞いておりますが、市街化調整区域内の農地転用はどんな方針で許可されるのでしょうか、お教え下さい。

！　都市計画法によって「市街化区域」と「市街化調整区域」とに区域区分が行われた市町村の「市街化調整区域」は、都市計画上市街化を抑制すべき区域という性格を有していますので、第一種農地のうち市街化調整区域にある特に良好な営農条件を備えている農地（甲種農地――農地法施行令第六条）については、原則として農地転用の許可をしないこととし、また、例外的に許可する場合にあっても第

一種農地で許可する場合より更に限定されています。

一　甲種農地の要件

甲種農地は、第一種農地の要件に該当する農地のうち市街化調整区域内にある特に良好な営農条件を備えている農地として次のいずれかの要件に該当するものをいいます。

ア　おおむね一〇ヘクタール以上の規模の一団の農地の区域内にある農地のうち、その区画の面積、形状、傾斜及び土性が高性能農業機械による営農に適するものと認められること

イ　特定土地改良事業等（区画整理、農地又は採草放牧地の造成、埋立又は干拓等いわゆる面的整備事業で国又は都道府県が行う事業又はこれらが直接又は間接に経費の全部又は一部を補助する事業に限られる。）の施行に係る区域内にある農地のうち、その事業の工事が完了した年度の翌年度から起算して八年を経過したもの以外のもの

二　甲種農地の許可基準

甲種農地は、原則として許可することができません。ただし、転用行為が次のいずれかに該当する場合には、例外的に許可されます。

ア　土地収用法第二六条の告示のあった事業の用に供する場合

イ　仮設工作物の設置その他の一時的な利用に供する場合

ウ　農業用施設その他地域の農業の振興に資する場合

エ　集落に接続して住宅を建設する場合

ただし、敷地面積がおおむね五〇〇平方メートルを超えないものに限られる。

オ　国、県道の沿道に流通業務施設、休憩所、給油所等を設置する場合

カ　地域の農業の振興に関する地方公共団体の計画に従って行われる場合　等

なお、このほか、農地のすべてを確実に事業の用に供すること、周辺の営農条件に悪影響を与えないこと、一時転用の場合はその後確実に農地に戻すことなどの一般基準の要件が審査されますし、さらに市街化調整区域では、都市計画法で開発許可制度が設けられており、宅地化等の開発行為が制限されて

いますので、農地転用も同法による開発許可が受けられる場合に許可することができることになっています（都市計画法第二九条、第三四条）。

詳しいことは、農業委員会または県農地担当課にお聞きください。

《39》市街化区域内の農地転用の手続き

? 私の市では、都市計画法によって線引きが行われており、市街化区域と市街化調整区域とに分けられています。私の所有農地の一部分は、市街化区域に入っています。

聞くところによると、市街化区域内の農地は、転用許可がいらず、簡単に宅地にしたり、宅地目的で売買したりすることができるとのことですが、本当でしょうか。もし、本当であれば、その手続きをお教え下さい。


! 都市計画法では、都市計画区域を市街化区域と市街化調整区域とに区域区分することにしていますが、市街化区域は既成市街地の区域とおおむね一〇年以内に優先的かつ計画的に市街化を図るべき区域であり、市街化調整区域は市街化を抑制すべき区域です（都市計画法第七条）。

この市街化区域と市街化調整区域との区域区分は、農業上の土地利用にも重大な影響がありますので、あらかじめ、知事または国土交通大臣が農林水産大臣と協議して農業上の土地利用との調整を図ったうえで行う仕組みになっています（同法第二三条第一項）。

したがって、農業上の土地利用との調整を図ったうえで市街化すべき区域と定められた市街化区域内の農地の転用については、農業上の土地利用の確保という観点からあらためて審査する必要性はないので、所有者等がみずから転用する場合または転用目的で売買等をする場合には、あらかじめ、農業委員会に所定の事項を届け出れば、農地転用許可を要しないこととしています（農地法第四条第一項第八号、第五条第一項第七号）。

この農業委員会への届出は、転用者または売買等の当事者の住所、氏名、土地の表示、転用計画、被害防除施設の概要、売買等の場合には契約の内容等所定の事項を記載した届出書を農業委員会に提出しなければなりません。なお、この届出書には、①土地の所在図および登記事項証明書（全部事項証明書に限る。）、②その土地が賃貸借の目的となっている場合には、農地法第一八条第一項の規定による許可のあったことを証する書面、③転用目的の売買等でその転用が都市計画法第二九条第一項の開発許可を要するものである場合には、その許可を受けたことを証する書面を添付しなければなりません（農地法施行規則第二六条、第二七条、第五〇条、第五一条）。

　農業委員会は、この届出書が提出されたときは、適法な届出であるかどうかの形式上の審査をして受理、不受理の決定を行い、届出者に受理通知書または受理しない旨の通知書を交付します（農地法施行令第三条第二項、第十条第二項）。

　なお、農地の所有権移転等の登記を申請する場合には、許可のあったことを証する情報を添付情報として提供しなければなりませんが、市街化区域内の農地の転用目的の登記を申請する場合には、右の届出を受理したことを証する情報を添付情報として提供することになります。

《40》 農用地区域内で農地転用ができる場合

?　**私の村には、農振法による農用地区域が設定されています。農用地区域に入ると一番困るのは、農地転用ができなくなることです。農村ですから、子供を分家させるための住宅を建てたり、畜舎や温室を建てたりしようと思っても全然駄目になります。**

農用地区域内で農地転用が出来る場合があるのでしょうか。お教え下さい。

!　農業振興地域制度は、限られた国土を合理的に利用するという観点に立って、農業以外の土地利用とも調整を図りながら農業の振興を図るべき地域を定め、そこにおける土地の有効利用と農業近

代化のための諸施策を総合的かつ計画的に推進しようということをねらいにしております。

農業振興地域については、市町村が農業振興地域整備計画を定めますが、この計画の中の一つに、農用地等として利用すべき土地の区域（これを「農用地区域」といいます。）とその区域内の土地の農業上の用途区分（これらの計画を「農用地利用計画」といいます。）が定められます（農振法第八条）。そして、農用地区域内の農地転用許可に当たっては、農用地利用計画に定められた用途以外の用途に供されないようにしなければなりません（農振法第一七条）。

従来、農用地区域内の土地の農業上の用途は、農地、採草放牧地およびこれらの保全または利用上必要な施設用地と混牧林地の他、畜舎や温室等の農業用施設用地も農用地区域内に設定できますので、農用地利用計画で土地の用途を農業用施設用地と定めてもらえば、農用地区域内のままで農地転用が許可されます。

なお、農用地区域内の土地の用途は、右に述べたように農業用施設用地までであり、農家の分家住宅であっても、住宅用地への農地転用は従来どおり農用地区域内では許可されませんから、住宅用地は農用地区域以外の場所で選ぶようにして下さい。農用地区域からの除外の手続きについては問《58》を参照。

《41》 共同相続農地の転用許可申請手続き

？

農地についての相続が開始され、甲、乙、丙が共同相続をしたが、被相続人の跡取りである甲が農地を引き続き耕作してきており、他の相続人はこれに対して何ら異議を申し立てることなく今日におよんでいます。

この農地（水田）を甲が植林し山林に転用したい計画ですが、この場合の農地転用の許可申請手続きは、どのようにすべきかお教え下さい。

！

農地について相続が開始され、その共同相続人の一人（甲）が耕作している農地（水田）について、その耕作している甲が植林をして山林に転用しようとする場合の農地転用の許可申請手続きは、その耕作の態様によっても違ってきます。

また、民法上の取扱いとして、共同相続の状態にある関係は合有として一般共有と区別して説明されていますが、共同相続の状態にある農地について植林をして山林に転用する場合には、民法の共有に関する規定に従うべきものと考えられます。すなわち、民法では、各共有者は他の共有者の同意がなければ共有物に変更を加えることができない旨が定められています（第二五一条）。そして、農地について植林をして山林とする行為は、この「共有物に変更を加える」行為に当たると考えられます。したがって、共同相続の状態にある農地について植林をして山林に転用する場合には、共同相続人全員の同意を必要とします。

これらを踏まえた上で、共同相続の状態にある農地について甲が植林をして山林に転用しようとする場合においては、

①甲が遺産分割前の管理行為としてその農地を耕作しているものであるときは、共同相続人全員の連署により農地法第四条第一項の規定による許可を申請すること、

②甲が他の相続人（乙、丙）の同意を得て適法に使用収益をしているものであるときは、甲がその農地を山林に転用することについて乙および丙の同意を得たことを証する書面を添付して、甲が農地法第四条第一項の規定による許可を申請すること、

が必要です。

また、共同相続の状態にある農地について共同相続関係を解消することを前提としてその農地に植林して山林に転用しようとする場合には、遺産分割により甲がその農地を取得したうえで、甲が農地法第四条第一項の規定による許可を申請することになります。

なお、遺産分割で農地の権利を取得する場合には、農地法第三条の許可は不要ですが、同法第三条の三で、農地の存する市町村の農業委員会に届け出る必要があります。

《42》農地の競売と第五条許可の取扱い

？

このほど、ある株式会社から競売農地に係る農地法第五条の許可申請書が提出されましたが、この処理をめぐって見解が分かれていますので、農業委員会は次のいずれの見解によるのを妥当とするか、教えて下さい。

①競売農地の買受けができる（買受適格証明書の交付が受けられる）のは、

イ、農地法第三条第一項の許可が受けられる者に限られる。

ロ、農地法第三条第一項の許可が受けられる者に限らず、同法等五条第一項の許可が受けられる者も含まれる。

②すでに売却許可が決定し、買受人が売却許可済謄本を添えて、単独で第五条第一項の許可申請書を提出した場合には、

イ、受理し、許可基準に照らし許否の意見を決定すればよい。

ロ、売却許可決定は無効であり、申請者も適格でないから、受理すべきでない。

！

①買受適格証明は、民事執行法による強制競売または担保権の実行としての競売（「競売」という。）による買受人の農地取得が不許可になって競売をやり直す不都合をさけるため行うものですから、農地法第三条第一項の許可をなしうる場合に限らず、同法第五条第一項の許可をなしうる場合にも、行ってさしつかえありません。この場合の第三条第一項または第五条第一項の買受適格証明は、それぞれの許可手続きに準じて行うことになり、具体的には、平成二四年三月三〇日二三経営第三四七五号・二三農振第二六九七号農林水産省経営局長、農村振興局長通知によって下さい。

②農地について農地法所定の許可がないまま裁判所から売却許可決定がなされても、その売却に基づく所有権移転の効力は生じていませんので、これを有効に完成させるためには、買受人は農地法所定の許可を受けることが必要です。

なお、買受人から第三条第一項または第五条第一項の許可申請がなされた場合には、添付すべき書面について、買受適格証明願に添付して提出されたものを省略することができます。

《43》農委が許可申請書を知事に送付しない場合

？

私は、Aさんから住宅建設のための農地二〇〇平方メートルを買い受けることにし、知事あての農地転用許可の申請書を農業委員会に提出しました。ところが、農業委員会はその後二回ほど開かれておりますが、私の申請書は保留され、知事に送付されません。私は建築の手配もつけており、至急建築に取りかかりたいのですが、申請者として、早く処理してもらう方法はないでしょうか。

！

農地を住宅敷地にするため買い受けようとする場合には、知事等の許可が必要であり（農地法第五条）、この許可申請書は、農業委員会を経由して提出することになっております（農地法第四条第二項）。

農業委員会は、この許可申請書を受理したときは、その後四〇日以内に意見を付して知事等に送付することが必要です（第四条第三項）。

あなたの場合、農業委員会が二回も保留しているとのことですが、その理由はどういうことでしょうか。その理由を農業委員会におたずねになってみることがよいと思います。

《44》住宅建設予定の農地を隣接農地と交換する場合の許可申請手続き

？

私は住宅を建設する目的で農地法第五条の許可を受けて農地二アールを買いました。ところが、住宅を建設する前に、道路の拡張工事が行われ、私の土地の一部も道路に提供した

ので、残りの土地の奥行きが八メートル弱になり、宅地に適さなくなりました。そこで、隣接地の農家と話し合いのうえ、私の道路沿いの半分と、私の土地の奥にある農地と交換することになり農地法第三条の許可申請書を農業委員会に提出しました。農業委員会では、第五条の許可申請をするよう指導されましたが、このような場合、第三条の許可申請は違法かどうか、また、どのような許可申請をすべきかお教え下さい。

!

一般的に、売買、交換などによって農地の所有権が移転される場合、農地法第三条の許可を受けるべきかそれとも第五条の許可を受けるべきかは、その売買、交換によって所有権を取得する者の取得目的によってきまります。すなわち、農地の所有権を取得しようとする目的が、耕作目的の場合には第三条の許可を、転用目的の場合には第五条の許可を受けることが必要です。

また、農地を交換する場合には、交換によって相手方に所有権を移転することの許可と、交換によって相手方から所有権を取得することの許可と、二つの許可を受けることになり、それぞれの取得目的によって第三条または第五条の許可を申請することになります。

おたずねの場合には、あなたは交換によって取得した農地を宅地として利用するわけですから、隣接農地の所有者からあなたへの所有権移転の許可の申請は、第五条の許可の申請書を提出すべきです。あなたから交換の相手方への所有権移転の許可の申請は、交換の相手方の取得目的がはっきりしませんが、農地として耕作するのであれば第三条の許可の申請書を提出すべきであり、もし、交換の相手方も宅地など非農地として利用する目的であれば第五条の許可の申請書を提出すべきです。

《45》農地転用に土地改良区の意見がもらえぬ場合

？

農地転用許可を申請する場合に、転用農地が土地改良区の地区内にあるときは、土地改良区の意見書をもらわなければならないので、転用計画をつけて意見を求めましたが、なかなか意見書を出してくれません。

許可申請をしようとする者は、土地改良区から意見書がもらえるまで許可申請をすることができないのでしょうか。

！

農地を転用し、または転用目的で農地の権利を設定、もしくは移転しようとする者は、当該農地が土地改良区の地区内にあるときは、農地転用許可の申請書に土地改良区の意見書を添付して提出しなければなりません。ただし、申請者が土地改良区に意見を求めた場合において土地改良区が三〇日以内に意見書を出さないときは、申請書にその事由を記載した書面を添付して、土地改良区の意見を添付しないで申請することができることとされています（農地法施行規則第三〇条第六号、第五七条の四第二項第三号）。

おたずねの場合、具体的事情がわかりませんが、もし土地改良区に意見を求めてから三〇日以上を経過しても意見書がもらえない場合で事業計画等の関係でいつまでも待っていられないときは、意見書を添付できない事由を記載した書面を添付して農地転用の許可を申請されるのがよいと考えます。なお、意見書が添付できない事由を記載した書面には、意見を求めた土地改良区の名称、意見を求めた年月日および意見書がもらえない旨を記載し、もし、土地改良区が意見を出さない理由を述べているような場合には、その土地改良区が意見を出さないという理由を参考のため記載しておかれるのがよいと考えます。

《46》 農道の地目変更

？

昭和二五年に私の集落で農道を改修いたしました際、それぞれ関係者が農地の一部を提供いたしましたが、当時なんらの手続きも行われず、現在も地目農地のまま残っていて種々の不都合を感じております。地目を現況地目に変更したいと考えておりますが、その手続きはどうすればよろしいでしょうか。

！

農地の一部を農道に転用したとのことですが、一筆の一部が転用されたような場合には、まず、農地の部分と転用された部分の分筆の登記をし、そのうえで地目変更の登記をすることが必要です。

分筆の手続きは、まず、分筆後の地積測量図を作製し、その地積測量図を添付して、登記所に分筆登記の申請書を提出することが必要です。

地目変更の手続きは、登記所に地目変更登記の申請書を提出することになりますが、この場合、その申請書に農業委員会の現況証明書を添付して提出することがよいと思います。地目変更登記の申請があった場合には、登記官は実地調査により現況を確認のうえ登記手続きをとることになりますが、農業委員会の現況証明書が添付されているときは、それによって現況を確認し、実地調査を省略して登記手続きを進めることができます（不動産登記規則第九三条）。

《47》 農地の一部に畜舎を建てたい

？

こんど乳牛を買い酪農をやりたいと思っております。それで畜舎とか飼料庫を作りたいと思いますが、どうしても自分の畑の一部を潰さなければなりません。それには農地法の転用許可がいりますか。また、もし許可がいらないという場合は農業委員会に届け出ることとなりますか。

！

自己の所有農地を農地以外のものにする場合

には農地法第四条の規定により知事の許可が必要ですが、農地法施行規則第二九条で許可を要しない場合について規定されています。

農地を農業用施設に転用する場合のうち、自己の農地の利用または保全上必要な施設に転用するときは、その転用面積に関係なく許可を要しないこととし、畜舎、作業場など農業経営上必要な施設に転用するときは、その転用面積が二アール未満の場合には許可を要しないこととしています（農地法施行規則第二九条第一号）。

ご質問の場合、畜舎のために農地を転用したいとのことですが、その面積はどれだけでしょうか。もし畜舎建設のための転用面積が二アール以上の場合には、知事等の許可を受けることが必要ですが、それに達しないときは、許可を受ける必要はありません。なお、この許可を要しない場合に該当して農地転用をするときは農業委員会に届け出ることは法令上の義務ではありませんが、農業委員会は、農地台帳及び地図を備えるなど各農家の経営面積等を把握しておりますから、農地転用については届け出るように努めるのがよいと考えます。

《48》転用許可後で着工前に売却する場合

? **甲は自己所有の農地に貸家を建てるべく農地法第四条の許可を得た。ところが転用に着手することなくこれを乙に売却し、乙はそこに工場を建てるべく土盛を開始しました。聞くところによれば、乙は一度甲が許可を取っているから改めて農地法の許可を受ける必要はないといっておりますが、そのような言い分は認められるものでしょうか。**

! 農地の所有者がその所有農地を転用する場合には、農地法第四条の許可を受けることが必要ですが、この許可を受けることによって農地が直ちに非農地になるわけではありません。許可後住宅建設等の転用行為が行われて、その現状が農地以外のものとなったときにはじめて農地法の適用を受けな

くなるのです。

他方、農地を第三者が転用目的で買い受け、あるいは借り受けるには、農地法第五条の許可が必要であり、この許可を受けないでした売買、貸借は無効です。知事は、この許可を受けないで、転用目的で売買し、あるいは貸借して転用行為を行ったような場合において、土地の農業上の利用の確保及び他の公益並びに関係人の利益を衡量して特に必要があると認めたときは、工事その他の行為の停止を命じ、若しくは相当の期間を定めて原状回復その他違反を是正するため必要な措置をとるべきことを命ずることができます（農地法第五一条）。また、農地法第四条および第五条の違反行為として、同法第六四条、第六七条の罰則（三年以下の懲役または三〇〇万円以下の罰金・法人の場合一億円以下の罰金）が適用されます。

したがって、甲が自己所有地を貸家住宅の建築のため転用許可を受けたが、まだ住宅建築に着手せずにいる間は、依然として農地として農地法の適用を受けますので、改めて農地法第五条の許可を受ける必要があります。許可を受けないでこのような土地を第三者に工場建設の目的で売却し、買主が工場建設をしているということになりますと、右の違反転用に対する処分および処罰の対象になります。

《49》共有農地の転用

？

甲は甲、乙、丙三人の共有地である田を十数年前より耕作していましたが、湿地であるので土盛りをして畑として耕作してきました。

甲はX会社にこの土地を五年契約で貸し、X会社はこの土地に工場を建てました。その後、農地転用の五条許可を申請しましたが、丙が同意しないので、許可申請は却下されました。

①違反転用者は誰になりますか。

②共有地の短期賃貸借契約をするには、共有者全員の同意を必要としますか。

❗

①農地を農地以外に転用する場合には、転用する者が農地法第四条の許可を受けなければなりません。このため、転用者であるX会社は農地法第四条の規定に違反します。また、農地を農地以外のものに転用する目的で農地の権利を設定しまたは移転しようとする場合には、当事者は農地法第五条の許可を受けなければなりません。当事者とは、売買であれば売主と買主、貸借であれば貸主と借主をいいます。このため、甲とX会社の双方が農地法第五条の規定に違反した者に該当します。

なお、農地法第四条の許可は、法第五条の許可を受けた場合には、許可不要となっています（法第四条第一項第一号）。しかしながら、おたずねのように法第五条の許可を受けていない場合には、法第四条と第五条の両方に違反することになるので留意が必要です。

②共有地をその共有者が第三者に貸し付けるような場合には、通常の管理行為として持分の過半数の共有者の同意によって行うことができます（民法第二五二条）。しかし、共有物に変更を加える行為は共有者全員の同意を要することとされています（民法第二五一条）。したがって、共有物の変更を伴う貸借は、共有者全員の同意がなければなりません。

さて、おたずねの場合には、農地を工場敷地として利用する目的で貸借が行われるので、共有物の変更行為に当たりますから、共有者全員の同意を要するものと考えられます。

《50》所有者に無断で賃借地の一部を道路に転用した場合

❓

いま私の村で、賃借地返還の問題が生じております。所有者AはBに農地（田）を貸し付けていたところその賃借人であるBがAに無断でその借り受け農地の一部を道路拡張のため潰し、道路工事後に所有者Aの承諾を求めました。所有者Aは、無断で所有地を売却したり、道路にしたりすることは横領罪に該当するといって、貸し付け農地の返還と道路とした部分の復旧を要求しました。そして、現在、所有者Aから農地法第一八条の賃貸借契約解除許可申請がでておりますが、解除の許可はされるでしょうか。

！　農地の賃貸借の解除をする場合には、あらかじめ農地法第一八条第一項の規定による知事の許可を受けなければなりませんが、この場合、賃借人に信義に反した行為があると認められるときは許可がなされることになっています（農地法第一八条第二項第一号）。この賃借人の「信義に反した行為」とは、公平にみてこれ以上賃貸人が賃借人に農地を貸しておくことができないと判断されるような賃借人の背信行為のことです。

一般的に、賃借地を賃借人が賃貸人に無断で潰廃することは、信義上問題があるとされておりますが、これが賃貸借関係の継続を困難ならしめる程度の背信行為に該当するかどうかは、その具体的な事実関係を総合的にみたうえで判断されます。

おたずねの事案は、事実関係が必ずしも明らかでありませんので、これをいずれと即断することはできません。具体的な問題については県農地担当部課にご相談下さい。

《51》悪質な無断転用者に対する措置

？　私の村は農業振興地域に指定され、農用地区域の線引きも終わっています。最近この農用地区域内の農地をある不動産業者が無断転用しはじめました。この不動産業者は、以前にも無断転用したことがあり、悪質です。農業委員会で転用工事の中止を勧告しましたが、罰則を承知でやるといっています。このような悪質な無断転用者に、有効な措置はないでしょうか。

！　農業振興地域の整備に関する法律に基づく農業振興地域で農業振興地域整備計画において農用地区域に指定された区域は、農用地として利用すべき土地の区域として性格づけられています（同法第八条第二項第一号）ので、同地区内では農業振興地域整備計画において定められた用途以外の用途への農地転用は許可してはならないこととされています（同法第一七条）。

農地法第四条、第五条の許可を受けないで農地転用がなされた場合において知事等は、土地の農業上の利用の確保及び他の公益並びに関係人の利益を衡量して特に必要があると認めたときは、違反転用者に対し、その必要な限度において工事等の停止、または相当の期間を定めて原状回復その他違反を是正するため必要な措置を命ずることができることとされています（農地法第五一条）。

違反転用者が知事等の命令に従わなかったときは、罰則が適用されることのほか、原状回復その他違反を是正するための措置については、知事等が違反者に代わって原状回復その他の措置を行い、これに要した費用は行政代執行法第五条、第六条を準用して違反転用者から徴収することができます。

おたずねでは、農用地区域内での農地の無断転用でありますので、一般的には、農地としての利用を確保すべき必要性が大きく農地転用許可をしてはならない性格にかんがみ、違反転用者が農業委員会の工事中止の勧告に従わない場合には、すみやかに都道府県等に連絡して、知事等が農地法第五一条の規定に基づいて、工事等の中止、必要な原状回復等の措置を命ずるようにすることが適当であると考えられます。

農地法第五二条の四では、農業委員会は、必要があると認めるときは、知事等に対し、第五一条第一項の規定による命令その他必要な措置を講ずべきことを要請することができることとしています。

《52》鉄骨組立てのハウス建設にも転用許可が必要か

? 農地転用については農地法で許可を要することは承知しておりますが、ガラスハウス等鉄骨組立てによるハウス建設をする場

合にも、農地法の許可が必要でしょうか。

！

農地の所有者が農地を農地以外のものにする場合には、知事等の許可が必要です（農地法第四条）。この場合その上に建てられる建物等が比較的簡易なものであっても、またそれが一時的に利用されるにすぎないものであっても、農地を農地以外のものとして利用されると認められる限りこの許可の対象になります。したがって、おたずねのように、ガラスハウス等の鉄骨の組立式の建物については、建物敷地をコンクリート等で地固めする等客観的にみて建物敷地として利用されるのであれば、許可を要すると解されます。

ただし、あらかじめ農業委員会に届け出た上で農作物栽培高度化施設を設置する場合には、施設の内部を全面コンクリート張りにしたとしても農地転用許可を受ける必要はなく、農地法上、農地と同様に取り扱われます。この場合の農作物栽培高度化施設とは、もっぱら農作物の栽培の用に供されるもので、周辺農地の日照に影響をおよぼすおそれがないこと等の要件を満たすものです。農作物栽培高度化施設が設置された土地は、農地法上農地として取り扱われますから、①売却するなど権利の設定移転をする場合には農地法第三条の許可等が必要、②栽培以外の利用をする場合、転用許可が必要、③許可なく他に利用した場合、違反転用として原状回復命令等の処分を受けるなど、農地法上の規制は続くことになります。

なお、パイプハウスは、一般的には農地の区画形質の変更を伴わないことから、許可不要の場合が多いですが、土地の利用状況に照らして個別具体的に判断されますので県農地担当部課にご相談下さい。

また、農地の所有者等が農地転用をする場合であって、農地の保全または利用上必要な農業用施設に供するために転用する場合とか、農業経営上必要な畜舎、鶏舎、作業場等の農業用施設に供するための転用であってその面積が二アール未満である場合には、農地転用許可を要しないこととされています（農地法施行規則第二九条第一号）。おたずねの鉄骨組立ての建物が前に述べたような農業用施設に供するためのものであれば、農地転用許可を要しないことが考えられます。

《53》農委の転用届出書の処理期間は

？　都市計画法に基づく市街化区域内の農地転用は、農業委員会への届出だけでよいとのことですが、届出書の処理期間はどのようになっているのでしょうか。

！　都市計画法による市街化区域内の農地を転用し、または転用する目的で売買等をする場合には、当事者はあらかじめ農業委員会に届け出れば、農地転用許可を要しないこととされています（農地法第四条第一項第八号、第五条第一項第七号）。

農業委員会は、転用届出書が提出されたときは、速やかに、その届出が届出の要件を備え、届出の手続きに従ったものであるかどうかを審査して、適法な届出であると認めたときは受理通知書を、不適法な届出であると認めたときは受理しない旨の通知書を交付することになります（農地法施行令第三条第二項、第一〇条第二項）。

この場合の事務処理については、現に紛争が生じている場合等を除いては、原則として事務局長の専決処理によりその迅速化を図ることとされています。

なお、現に紛争の生じている事案等の慎重を要する場合を除き、受理または不受理の通知書が遅くとも二週間以内に届出者に到達するように事務処理をすることとされています。

《54》処分禁止の仮処分を受けている農地の転用許可は可能か

？　農地法第五条の農地転用許可申請書が提出されたので、調査したところ、申請農地は、第三者が処分禁止の仮処分をしていることが判明しました。このような場合、転用目的での売買に対し、農地転用許可をすることができるでしょうか。

！　一般に土地の処分禁止の仮処分は、当該仮処分に係る農地について第三者が所有権の移転等の請求権を持っていて、その土地が処分されると目的を達せられなくなるような場合に、その債権者の申請によって裁判所が決定します。この処分禁止の仮処分後にその所有権を取得した第三者は、仮処分権利者にその所有権を主張できないことになります。

農地の転用許可は、農業と他産業との土地利用の調整をしながら農地を確保し農業生産力を維持し農業経営の安定を図ろうとする農業政策上の考慮から出たものですから、農地法全体の趣旨に照らし申請を認めることが国民経済上適当かどうかを審査すれば足り、私法上の権利関係まで立ち入って審査すべきでないと解されています。

したがって、おたずねのように、処分禁止の仮処分のある農地について転用目的の売買の許可申請があった場合には、農業政策上からの審査、具体的には、農地転用許可基準に照らして許可相当かどうかを審査して、適当であると認めたときは許可してさしつかえないものと考えます。

なお、前述のごとく、処分禁止の仮処分のある農地を取得して転用しようとしても、仮処分権利者との関係で将来転用目的に利用しえない場合が生じるので、取得者がこのような事情を知った上での申請かどうか注意することがよいと考えます。

《55》農地転用許可後転用事業に着手しない場合

？　農地法第五条の農地転用許可を受け、所有権移転登記も完了しております。しかし、転用事業者は、転用許可につけられた転用完了期限を過ぎても、転用に着手しないまま売主に耕作させております。このような場合、農地転用許可は取り消せるでしょうか。

！　一般的に、農地法第五条に基づく転用目的での農地の取得の許可には、取得者が転用を完了すべき期限等について必要な条件がつけられています。農地転用許可をうけた者が許可条件につけられた転用期限内に転用事業を行わない場合には、その事情を調査し、相当の事情もないのに転用事業に着手しておらず、かつ、今後も転用事業を行うことが確実であると認められない場合には、許可を取り消すことも可能です（農地法第五一条）。

おたずねでは、許可条件につけられた転用期限を過ぎても未着工のまま売主に耕作させているとのことですので、転用事業者について転用事業が遅れている理由、今後の転用事業実施の見通し等につき調査し、許可をそのままとするか、取り消すべきか、あるいは許可条件の変更を行うべきかなどにつき検討すべきであると考えます。

《56》転用工事に着手できなくなった場合に転売できるか

? **工場建設のため農地法第五条の農地転用許可を受けて農地を取得し、建設の準備中に、市街化調整区域に編入されてしまいました。折角準備までしましたが、工場建設は無理になりましたので、この農地は農地法第三条の許可を受けて付近の農民に売却し、他に工場用地を求めるより仕方がないと考えますが、これはできるでしょうか。なお、売主である農家は、私の工場の買収価格の方が現在の価格より若干高いので、戻してもらう希望がありません。**

! 一般的に農地転用許可には、転用目的、転用期限等必要な条件がつけられており、許可を受けた者がこの許可の条件に違反しているときは、その事情を調査し、相当の事情もなく違反し、その許可をそのままにすることが相当でないと認められる

ときには、許可の取り消し、許可条件の変更等の措置をとることとされています（農地法第五一条）。

おたずねの場合には、農地転用許可を受けた者は、工場建設はしたいがその後市街化調整区域に編入されたため着工できなくなった事情にあり、したがって、許可条件に従って転用事業が行われないことについては転用許可を受けた者の責に属さないやむを得ない事情があると考えられます。また、許可を受けた者はこれを農地として農地法第三条の許可を受けて譲渡するということであれば、許可に係る農地の農業上の利用も確保されることになります。

このような場合には、一般的には、農地法第五条の農地転用許可の取消しは行わず、同法第三条の許可によって農地転用許可を受けた者から農家への譲渡を認めることになると考えられます。

《57》転用届出者と開発許可を受けた者とが異なる場合

?　市街化区域内の農地の転用目的での売買は届出制ですが、その届出書が提出され、審査しましたところ、届出書に記載された農地の買受人の氏名と届出書に添付された開発許可書に記載された開発許可を受けた者の氏名が違っていることが判明しました。このような場合、農地転用の届出は受理できますか。

!　都市計画法による市街化区域内の農地の転用目的での売買は、あらかじめ農業委員会に届け出ることにより許可を要しないこととされています（農地法第五条第一項第七号）。

農地の転用目的での売買の届出は、原則としてその売買の当事者（売主と買主）が連署してなすべきものとされており、その買い受け後の農地転用行為が都市計画法第二九条の開発許可を要する場合には、届出書には、その開発許可を受けたことを証する書面を添付しなければならないこととされています（農地法施行規則第五〇条第二項第三号）。

ところで、農地の転用目的での売買の届出においては、買受人はその買受け農地を宅地その他農地以外のものにする者でなければなりません（もし、買受人以外の者が転用者であるときは、転用目的での売買には該当しない）から、都市計画法の開発許可を要する転用である場合には、その譲受人が開発許可を受けるべき者に該当するのが通常です。

したがって、通常の場合には、農地の転用目的での売買の届出書に記載された買受人の氏名とその届出書に添付された開発許可書に記載された許可を受けた者の氏名とは一致することが必要であり、もし両者の氏名が一致していないような場合には、その届出は不適法な届出として受理すべきでないと考えられます。ただし、開発許可を受けた者が死亡してその相続人が届出をする場合と届出者が開発許可を受けた者からその地位を承継した者である場合には、届出者と開発許可を受けた者が不一致である場合が生じます。この場合には、届出書に開発許可のあったことを証する書面のほか、相続を証する書面（戸籍の謄本または抄本）または地位の承継についての知事の承認のあったことを証する書面を添付すべきものと考えます。

《58》農用地区域内の農地に分家住宅を建てる手続きは

？ 分家する子供のために自分が所有する農地に住宅を建てたいと思っていますが、その土地は農振法の農用地区域になっています。どのような手続きをすればよいのでしょうか。

！ 農用地区域内の農地については原則として転用が禁止されていますので、ご質問の場合のように分家住宅を農用地区域内に建てようとしても農地法の転用許可を受けることはできません。

このような場合には、農業振興地域整備計画を変更して農用地区域からその農地を除外できるかどうかが問題となりますので、まず、地元の市町村に住宅を建てたいので農用地区域から当該農地を除外してほしい旨の申し出をして下さい。

この農用地区域の除外は、次の要件をすべて満たす場合でなければできないこととされています（農振法第一三条第二項）ので、市町村は農業振興上の農地の必要性やこの除外基準などを検討し、必要に応じて都道府県と調整を行い、除外が適当であると判断された場合には農用地区域の変更案を作成します。

①農用地区域以外に代替すべき土地がないこと

②農用地区域内の農業上の効率的な利用に支障を及ぼさないこと

③農用地の利用の集積に支障を及ぼさないこと

④土地改良施設などの有する機能に支障を及ぼさないこと

⑤土地基盤整備事業完了後八年を経過していること

その後、市町村は、変更案を公告した上でおおむね三〇日間縦覧し、縦覧後一五日間の異議申し出期間に異議の申し出がなければ、都道府県知事に協議し同意を受けます。この同意後、変更の内容を知らせるための公告をし、これにより農用地区域からの除外手続きが完了します。

なお、農地転用許可の申請手続きはこの除外手続きの終了後行うことになります。

《59》転用申請に必要な書類は

？ 農地転用許可申請に添付する「その他参考となるべき書類」にはどのような書類を添付すれば良いのでしょうか。また、隣接土地所有者の同意書もいるのでしょうか。

！ 農地法施行規則では、農地転用許可申請書に添付すべき書類を規定しています（農地法施行規則第三〇条及び第五七条の四）。

具体的には、①申請者が法人の場合には、法人の登記事項証明書及び定款又は寄附行為の写し、②土地の位置を示す地図及び土地の登記事項証明書（全部事項証明書に限る。）、③道路、用排水施設その他の施設の位置を明らかにした図面、④事業を実施するために必要な資力及び信用があることを証する書面、⑤転用行為の妨げとなる権利を有する者の同意、⑥土地改良区の地区内にある場合には、当該土地改良区の意見、⑦その他参考となるべき書類です。

おたずねのありました「参考となるべき書類」ですが、これは農地転用許可申請が適正であることや農地転用許可基準（農地法第四条第六項及び第五条第二項）の判断に当たり必要となる資料です。

例えば、①相続未登記の場合の戸籍謄本、遺産分割協議書、印鑑証明、②一筆の土地の一部を転用する場合の転用部分の位置及び面積が確認できる図面、③農業従事者の就業機会の増大に寄与する施設として例外的に許可できる場合の就業機会の確保に資することを証する書面（市町村と転用事業者との雇用協定書等）などが考えられます。

また、隣接土地所有者の同意書につきましては、個別の転用事案によっては周辺農地の被害防除措置の妥当性の審査に当たって、参考として求められることがありますが、これらの同意書を一律に転用申請の添付書類として申請者に求めることについては、申請者に過分の負担を求めることとなるので、一律に添付を求めることは適当でないとされています。

《60》農地を資材置場として貸すには

? **ある建設業者から使用料を払うから資材を置かしてくれと頼まれました。最近、私の近所の農地でこのような資材置き場について農業委員会と問題になっているようで心配です。果たして貸してよいものでしょうか。**

! ご承知のことと思いますが、住宅や工場等を建てるために農地を転用する場合には農地法に基づき都道府県知事等の許可が必要です。

ご質問のように、農地に建設資材等をそのまま置く場合であっても、また、その期間が半年間等一時的なものであっても、この許可が必要になります。農業委員会とトラブルになっているものがあるようですが、おそらくそれはこの許可を得ずに資材を置いており、無許可転用の状態になっているからだと思います。

　無許可転用については、農地法上罰則の規定（三年以下の懲役又は三〇〇万円以下の罰金、法人の場合一億円以下の罰金）があるほか、同法第五一条に基づき、必要な場合には都道府県知事等が事業の停止や原状回復を、命令することができることとされています。

　したがって、ご質問の資材置き場についても農地法の許可を受けることが必要です。手続きとしては、農地転用の許可は都道府県知事等が行いますが、転用許可申請書は地元農業委員会に提出することになります。

　なお、当該地がおおむね一〇ヘクタール以上の集団農地や農業公共投資がなされた土地であることにより、農業振興地域の整備に関する法律に基づく農用地区域内の土地であったり、転用許可基準上の甲種農地又は一種農地と判断された場合には、原則としてこの農地転用許可は下りません（一時的なもので、当該地に立地せざるを得ない場合には、許可される場合があります）。

　土地の区分や許可申請書の様式等の詳細については、地元農業委員会又は都道府県の農地転用担当課にご相談ください。

三　貸借関係

《61》一般の会社が農業参入する場合に農地を借りる方法は

❓ 社長から、「当社でも農業を始めようと思う。今の株式会社のままでも、農地を借りられると聞いているが、どのようにしたら良いか検討してくれ。」といわれました。そこで、いま企業が農地の権利を取得する場合どのようになっているか教えて欲しい。

❗ 耕作又は養畜の事業を行うために農地の権利（所有権、賃借権など）を取得する場合には、農地法第三条で農業委員会の許可を受けなければならないとされています。この許可の基準では、一般の法人（企業、ＮＰＯ法人等）であっても、不適正な利用があった場合には契約を解除する旨の条件付きの使用貸借による権利又は賃借権の設定が認められます。また、この許可の場合とほぼ同じ要件で農業経営基盤強化促進法により市町村が作成する農用地利用集積計画に載せることも出来るようになっています。

この解除条件付きの使用貸借による権利又は賃借権の設定についての許可基準は、法人の場合、①書面による解除条件付きの使用貸借又は賃貸借の契約、②地域の農業における他の農業者との適切な役割分担の下に継続的安定的に農業経営を行うと見込まれること、③役員又は重要な使用人の一人以上が耕作又は養畜の事業に常時従事すること、とされています（農地法第三条第三項）。この他一般基準として、ａ取得農地を含む全てを効率的に利用、ｂ最低経営面積規模以上、ｃ周辺地域の農地の効率的かつ総合的な利用に支障がないこと等（農地法第三条第二項）も求められます。

なお、解除条件付きの使用貸借による権利又は賃借権の設定を受けた者は、毎年その農地の利用状況について農業委員会に報告しなければならないこととされています（農地法第六条の二）。

また、これらの権利を取得した者が適正な利用をしていない場合等には次のように取扱われることになります。

i　必要な措置を講ずべき旨の勧告（農地法第三条の二第一項）

ア　周辺の地域における農地の農業上の効率的かつ総合的な利用の確保に支障が生じている場合

イ　法人にあっては、業務を執行する役員等が誰も耕作等の事業を行っていない場合

ii　許可の取り消し（農地法第三条の二第二項）

ア　農地を適正に利用していないと認められるにもかかわらず、使用貸借による権利又は賃借権の解除をしないとき

イ　iの勧告に従わなかったとき

実際に検討される場合には、借りられる農地の目途をたて、その農地の所在する農業委員会で相談されるのが良いでしょう。

農地の所有権を取得するには農地所有適格法人の要件を満たす必要があります。

《62》貸借されている農地の所有権を借受者以外へ移転する場合の許可

? 貸借がされている農地の底地（所有権）を移転する場合には、耕作者の同意が必要なのでしょうか。

! 農地の売買や貸借には農地法第三条の許可が必要ですが、この許可の基準では、法律上は小作人（賃借人）の同意は不要となっています。しかし、第三者に対抗できる権利（賃借権や登記されている永小作権など）が設定されている場合は、その賃借人の権利が優先されるため、底地の移転を受けても所有者が直ちに農地を使用することはできないのが通常です。

このため、第三者に対抗できる権利が設定されている貸付地の場合、底地の移転を受ける者（その世帯員等も含みます。）が、その農地の返還を受け自ら耕作可能となった場合に、その農地の全てを効率

的に利用して耕作の事業を行うことができると認められる場合に許可できることとされています（農地法施行令第二条第一項第二号ロ）。この判断に当たっては、賃借人の営農継続の意向を確認するとともに、農地の返還を受けて耕作可能となる時期が一年以上先である場合には権利移転を認めないことが適当であるとされています（「農地法関係事務に係る処理基準について（平成一二年六月一日付け一二構改B第四〇四号農林水産事務次官通知）」別紙一の第三の3の（4））

また、この場合、底地の移転を受ける農地以外にも、許可申請の際に現に耕作の事業に供すべき農地がある場合には、その農地についても全てを効率的に利用して耕作の事業を行うことが必要です（農地法施行令第二条第一項第二号イ）。

なお、使用貸借による権利など対抗力のない権利が設定されている貸付地の場合は、その貸付地の所有権を取得した者が使用することに支障はありませんので、通常の所有権移転と同様、取得後に速やかに自ら耕作を行う必要があります。

《63》遊休農地の利用意向を聞かれたがその対応は

？

先日、田舎の父親から電話で農業委員会から自分の持っている農地について利用意向調査というものがあり、そのときに農地中間管理事業を利用する意思があるかどうか聞かれたが、これはどういうことでしょうか。また、老齢のため耕作をしていないし、これからも出来ないのでどうしたらよいかという相談がありました。いずれにしても耕作が出来る状態にないので、どのように対応したら良いでしょうか。

！

利用意向調査（農地法第三二条）というのは、農業委員会が農地の利用状況を調査して、①現に耕作の目的に供されておらず、かつ、引き続き耕作の目的に供されないと見込まれる農地、②農業上の利用の程度がその周辺の地域における農地の利用の程度に比し著しく劣っていると認められる農地の所有者等に対して、その農地の農業上の利用の意向について調査を行うものです。その際に利用するか聞かれた農地中間管理事業というのは、農用地の利用の効率化及び高度化を促進するため都道府県知事が指定した農地中間管理機構が事業実施区域内等で農地を借りて、農業経営の規模の拡大、農用地の集団化等を図ろうとする者に貸す事業です。

ところでおたずねでは、田舎におられる方は老齢で今も耕作をしておらず、これからも耕作ができないということのようですので、この際「貸す」ことにし、農業委員会に農地中間管理事業を利用するという意思表示をされてはどうでしょうか。

農地中間管理事業を利用する意思表示をされますと、農業委員会から農地中間管理機構にその旨の通知がされます。この通知を受けた農地中間管理機構は、速やかに、農地の所有者等に対して、借り入れ（農地中間管理権の取得といいます）の協議を申し入れることになっています。

《64》耕作放棄地を有効利用する制度とは

❓ 最近、村では農家が高齢化して、経営地を満足に耕作できず耕作放棄しているものがあります。荒らされると附近の農家が大迷惑です。雑草の種子は飛んでくるし、病害虫の巣になります。

このように耕作放棄地に強制的に利用する権利を設定して規模拡大する者に貸す制度があると聞きましたが、それはどのような内容でしょうか。

❗ おたずねのように近年、農村では高齢化が進み労力不足等の理由から農地が耕作放棄され雑草が繁茂しているものが生じています。耕作放棄地は、そのまま放置すれば遂には荒廃化し農地として利用することが困難になるばかりでなく、雑草や病害虫の根源となって附近の農地に悪影響を及ぼすことになります。

　このような事態に対処するため、農地法は、遊休農地の農業上の利用の確保を図るため、農業委員会が利用状況調査を行い、現に耕作の目的に供されておらず、かつ、引き続き耕作の目的に供されないと見込まれる農地、耕作の事業に従事する者が不在又は不在となることが確実に認められるものなどについて、利用意向調査を行うこととしています。この利用意向調査で所有者から表明された意思の内容を勘案しつつ、農業委員会が農業上の利用の増進が図られるよう必要なあっせんその他の農地の利用関係の調整を行います。（農地法第三〇条〜第三四条）。

　また、農業委員会は、利用意向調査を行った場合に、所有者等から農地中間管理事業を利用する意思表明があったときは農地中間管理機構に通知することとなっています。この通知を受けた同機構は、速やかに、所有者等に対してその農地の借り入れ（農地中間管理権の取得といいます。）の協議を申し入れることになっています。

　また、農業委員会は、利用意向調査の結果、農業上の利用の意思がないとき等は、農地中間管理機構に農地中間管理権の取得に関し協議すべきことを勧告することとなっています。

　この協議が調わない場合、同機構は都道府県知事に裁定の申請をし、この裁定により農地中間管理権を取得することとなっています。

　なお、農地中間管理権である賃借権については、農地法の賃貸借の法定更新の規定は適用がありませんから存続期間が満了したときは、農地中間管理権は基本的に消滅することになります。（農地法第一七条ただし書）

《65》農用地区域内の開発行為の制限

？

　従来から農地転用の許可が必要であることは知っておりますが、最近、山林を開墾して果樹園を造成しようとしたところ、村役場から、農用地区域内の開発行為の制限があるので、知事の許可を受けてから開墾するようにと注意されました。一体、農用地区域内の開

発行為の制限というのは、どんな内容のものでしょうか。

！

農振法による農用地区域は今後相当長期にわたって農用地として利用すべき土地の区域として位置づけられ、その区域内の土地は農業上の用途区分も定められています（この農用地区域の設定及び用途の指定については地域農業者の意向も十分聞き、異議のある所有者等には、異議の申出、審査の申立ての手続きを経た上で決定された農用地利用計画で定められます）。

農地や採草放牧地の転用については、農地法で農地転用の許可制度があって、その許可に当たっては、農用地区域内の土地についてはその指定された用途以外の用途に利用されることとなる場合には許可しないこととされています（農振法第一七条）ので、農業上の利用を確保することができます。

ところが、農用地区域内の山林、原野等の非農地については転用制限がないので、宅地造成など農業外への利用が自由にでき農用地利用計画で定めた農業上の利用を確保することが困難なことから農用地区域内の開発行為の制限が設けられています。

この農用地区域内の開発行為の制限の内容は、第一に、農用地区域内において開発行為をしようとする者は、知事等の許可を受けなければなりません（農振法第一五条の二第一項）。

第二に、開発行為は、「宅地の造成、土石の採取その他の土地の形質の変更または建築物その他の工作物の新築、改築もしくは増築」をいいます。宅地造成、ゴルフ場建設等農業以外の用途に利用するための行為はもちろんのこと、開墾、田畑転換、切土、盛土等農業上の用途に利用するための行為も含まれます。

第三に、この開発行為の許可は、国、地方公共団体が、道路、農業用用排水施設その他の地域振興上又は農業上の必要性が高いと認められる施設に供するため行う場合、土地改良法の土地改良事業として行う場合、農地法の農地転用許可を受けて行う場合、農地法第四三条で規定する農作物高度化施設の用に供するため行う場合、通常の管理行為として行う場合等には、不要とされております（農振法第一五条の二第一項ただし書）。なお、山林、原野等を開墾して農用地利用計画で指定された田、畑、果樹園等に供する場合には、その面積が三〇アール以下であれば許可は不要です（農振法施行規則第三六条第二号ハ）。

第四に、開発行為の許可は、①開発行為に係る土地が農用地等として利用することが困難となる場合、②周辺農用地等に土砂の流失、崩壊等の災害を発生させるおそれがある場合、③周辺農用地等の農業用排水施設の機能に障害を発生させるおそれがある場合には、行わないこととされております（農振法第一五条の二第四項）。

第五に、知事等の許可を受けるには、所定の事項を記載した申請書を、市町村長を経由して知事等に提出することになります（農振法第一五条の二第一項、第二項、同法施行規則第三四条）。

あなたは、山林を開墾して果樹園としたい計画のようですが、農用地利用計画で定められたその土地の用途に適合しており、その造成面積が三〇アール以下であるときは、許可を要しません。

《66》病気療養中の耕作放棄地は農地か

？ **中山間地で農業を営んでいます。病気療養のため耕作放棄していた農地について、元気になったので、耕作を再開し、直接支払制度を活用できればと思っています。現況が耕作放棄地でも農地法上の農地として認められるでしょうか。**

！ 農地法第二条第一項では、農地を「耕作の目的に供される土地」と定めています。

この場合の「耕作」とは、土地に労働及び資本を投じ肥培管理を行って作物を栽培することです。わかりやすくいいますと、耕うん、整地、播（は）種、潅（かん）がい、排水、施肥、農薬散布、除草などが行われ、作物が栽培されている土地ということです。

また、「耕作の目的に供される土地」には、現に耕作されている土地のほか、現在は耕作されていなくても耕作しようとすればいつでも耕作できるような土地、すなわち、客観的に見てその現状が耕作の目的に供されるものと認められる土地（休耕地、不耕作地など）も含まれます。

農地に該当するか否かは、その土地の現況によって判断するのであって、土地登記簿の地目によっては判断しません。

おたずねの件につきましても、その土地の現況によって個別に判断するということになりますが、水害などの災害によって農地がつぶれ耕作の用に供することができなくなったと判断される場合には農地として取り扱わないこととなりますが、耕作者の病気のみの原因で一時的に耕作放棄地となっているような土地は、まず農地に当たると考えて間違いないでしょう。

なお、農地として利用するには一定水準以上の物理的条件整備が必要な土地であって、基盤整備事業の実施等が計画されていないものについて、次のいずれかに該当する場合には、農地に該当しないものとし、これ以外のものは「農地」に該当するものとされています。（「農地法の運用について」（平成二一年一二月一一日付け二一経営第四五三〇・二一農振第一五九八号）第四の（四））

１　その土地が森林の様相を呈しているなど農地に復元するための物理的な条件整備が著しく困難な場合

２　１以外の場合であって、その土地の周囲の状況からみてその土地を農地として復元しても継続して利用することができないと見込まれる場合

「農地」に当たるかどうか疑義がある場合には、その土地を管轄する市町村の農業委員会におたずね下さい。

《67》市民農園を開設する際の注意点は

？　都市住民を対象とした市民農園を開設したいのですが、どのような点に注意すればよいでしょうか。

！　近年、週末に緑豊かな農村に出かけるなどして、自分で実際に農作業をしてみたいという人

が増えており、それに伴い、市民農園の開設数も年々増加しています。

市民農園の開設には、いくつかの方法がありますが、農地を所有している農家自身が開設する場合は、農園利用方式により開設する場合と、適正な農地利用を確保する方法等を定めた貸付協定を市町村との間で締結して特定農地貸付法又は市民農園整備促進法（生産緑地は都市農地貸借法も活用可能）により農地を貸し付ける方法により開設する場合とがあります。農園利用方式では、開設者である農家自身は農地における耕作の事業を行い、都市住民などが野菜・花などの栽培のための農作業を行うというもので、農家と農作業を行う都市の方などとの間に、その農地についての権利関係は一切発生しません。

この農園利用方式による市民農園の開設には定まった要件はありませんが、都市住民などに利用していただく上で、次のような点に気をつけられるとよいでしょう。

①周辺への配慮

周辺の景観に配慮して、ゴミの処理など、利用者のマナーには特に気を配ることが必要です。

②募集方法

市町村の広報やホームページ等への掲載が有効です。

③利用者への便宜

農作業の手引きのような冊子を配布したり、農業指導ボランティアを設置するなどの創意・工夫も大切です。

また、農家が市民農園利用のための農機具庫などの施設を整備しようとする場合には、市民農園整備促進法に定める手続きを行えば、農地転用許可を受ける必要はなく、また、都市計画法に基づく開発許可も受けることが可能となります。

なお、特定農地貸付法及び市民農園整備促進法により利用者に貸付ける方式で開設する場合は、利用についてそれぞれの法律で定められています。

さらに、自ら開設するのではなく特定農地貸付法又は市民農園整備促進法により地方公共団体、農協等が市民農園を開設する場合に農地を貸すことができます。

市民農園の開設・利用等については、最寄りの農業委員会などにおたずね下さい。

特定農地貸付法による個人農地所有者の開設

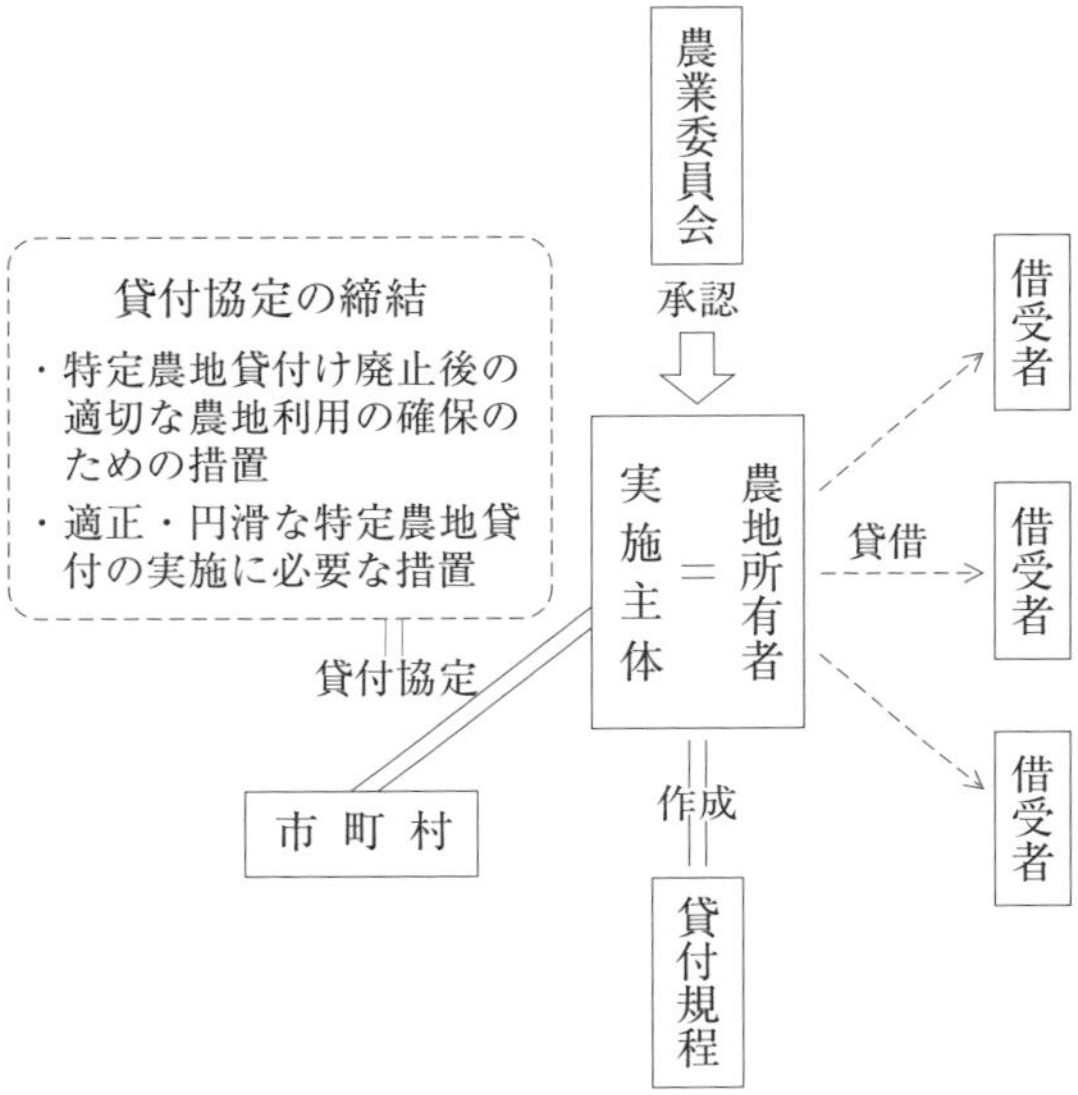

《68》無断開墾地にも農地法の適用があるか

?

登記簿の地目が原野となっている所有地を、資材置き場として甲に賃貸しておりましたが、このたび返還してもらうことになりました。このため、現地の確認に行ったところ、無断で野菜が栽培されており、農地として使われていることが判明しました。このように、所有者に無断で開墾された土地であっても農地法が適用されるのでしょうか。

!

農地法上、農地とは「耕作の目的に供される土地」をいい（農地法第二条第一項）、これには現に耕作されている土地はもちろん、現在は耕作されていなくても、耕作しようとすればいつでも耕作できるような土地、（休耕地や不作付け地等）も含まれます。

また、農地法上の農地であるか否かは、土地の登記簿の地目や土地の所有者や利用者の主観的な意図などによって判断されるものではなく、あくまでもその土地の現況によって客観的に判断されることとなります。

ところで、ご質問のように所有者の意思に反して無断で開墾された土地の場合はどうでしょうか。

このような土地は、例え現に耕作されていたとしても、土地の所有者から原状回復を求められる可能性が高く、安定的に耕作の目的に供されると見込まれない土地であると考えられます。不法開墾地について、所有者がこれを容認していないにもかかわらず、農地法を適用したとすれば、他人に勝手に開墾されたことによって、所有者がその土地を自由に処分することができなくなるといった不合理な事態が生じることとなります。したがって、このような不法開墾地については農地法上の農地とは言えません。

ただし、当初は所有者に無断で開墾した土地であったとしても、所有者がその事実を知りながら、長年放置していたような場合などで、明らかに所有者がこれを容認していると考えられ、不法状態が解消されている場合は、「農地」と判断されると考えられますので注意が必要です。

詳細は農業委員会へおたずね下さい。

《69》賃借地を請負に出したい

? 私は、四〇年ほど前から田四〇アールを賃借し、会社勤めのかたわら妻とともに耕作してきました。老齢になりこの際耕作することをやめたいが、折角の耕作権を貸人に返還しなければならなくなるので、これも惜しい気がします。そこで、私が名義上経営者になって請負耕作の方法によって他人に耕作してもらうことにしようかと思いますが、問題はないでしょうか。

! 契約の名目のいかんにかかわらず、およそ農地を第三者に使用収益させる場合には、農地法第三条第一項の許可をうけなければなりません。また、賃借地を転貸する場合には、賃借人またはその

世帯員が疾病あるいは負傷による療養など農地法第二条第二項に掲げる特別の事由により一時貸し付ける場合等を除き、許可できないことになっています（同法第三条第二項第六号）。

おたずねのような事情による労力不足は、賃借地の転貸が許可される事由に該当しません。また、請負耕作に出した場合には、信義に反する行為として賃貸借契約の解除原因になる場合も生じます。

したがって、あなたの当面している問題については、実質上の経営主体があなたであるということを堅持し、やむをえない部分的な作業についてのみ第三者に委託するような方法で耕作を継続するか、この方法ができないのであれば貸主に返還するか、または貸主の承諾をえて第三者に賃借権を譲渡するかの方法によることが適当ではないかと考えます。

《70》出稼ぎに出た兄名義の耕作権を譲り受けたい

？

兄は長男として生まれ、昭和六〇年に父の死亡と同時に相続により、賃借地の耕作権も相続しました。平成二一年までは兄が耕作していましたが、農業だけでは生活が苦しいので、大工として出稼ぎに行き、現在は出稼ぎ先で結婚し、私と生計を別にして生活しております。

兄の不在になった後、賃借地を含めて兄名義の土地建物（田四〇《アール》、畑一五《アール》、宅地、住宅など）全部を私が経営管理してきましたが、兄所有の土地建物については、現在私名義にするよう手続き中です。ところが、借り受け農地については、所有者が兄に貸したもので私に貸したものではないから私には耕作する権利がないといいますが、私にはこの賃借地を耕作する権利はないのでしょうか。

！

農地の賃貸借においては、その賃借人が賃借地を耕作することが必要であり、もし賃借人以外の者が耕作するためには、賃貸人の承諾を受けて、賃借地の転貸または賃借権の譲渡を受けることが必要です（民法第六一二条）。なお、賃借地の転貸または賃借権の譲渡を受ける場合には、農業委員会の許可を受ける必要があります（農地法第三条）。

わが国の家族農業経営は、農家（世帯）単位で農業経営を営んでいるのが実態であり、同一世帯のなかでは、賃借人と経営主とが異なることがあっても、その間には前述した賃借地の転貸または賃借権の譲渡という関係が生じていないのが通常です。

この世帯については、「世帯員等」として、「住居及び生計を一にする親族（一時的に転出して別世帯になっている特殊な場合も含まれます。）並びに当該親族の行う耕作又は養畜の事業に従事するその他の二親等内の親族」とされています。したがって、賃借人の世帯員等に該当しないものが農地を耕作する場合には、その間に農地の転貸または賃借権の譲渡があったとみられるのが通常です。

あなたの場合、お兄さんは、別世帯で、一時的な別居関係ではないこと、あなたが経営し、お兄さんは農業をしていないようであること、管理しているお兄さん所有の土地・建物についてはあなた名義に変更の手続き中のようであることなどから考えますと、借り受けた農地について賃貸人の承諾を受けて賃借権の譲渡を受ける必要があると思われ、そうしなければ、あなたに耕作権は生じないことになると考えられます。

賃貸人の承諾を受けない賃借権の譲渡は賃貸人に対して対抗できないことになりますので、賃貸人の承諾を得て賃借権の譲渡を受けることが必要です。

《71》同一世帯内の親子間で農地の賃貸借は認められるか

？

最近農村では、農家の後継者を養成していくための対策として、家族経営協定が推進されております。家族経営協定では、親

が子に対して農業経営の一部門を任せる方法がありますが、このような場合、その方法として親が子に対して農地を賃貸借することが考えられます。このような同一世帯内での親子間の賃貸借は認められるでしょうか。

！　農地についての賃借権その他の使用収益権の設定移転は、農業委員会の許可を受けることが必要です。この場合、農業委員会は、法律で定める許可基準に従って、許可または不許可の処分を行います（農地法第三条）。この許可基準は、農地法の目的に照らし、もっぱら農業政策上の見地から権利を取得する者が適格性を有するかどうかが判断されるものであって、私法上許可申請に係る権利の設定移転が有効に成立するかどうかなどは判断の対象にはなりません。

　農家が、同一世帯内の親子間で賃貸借を行うことは民法上可能であり、農地法の許可もその子が適格性をもつ限り、許可されるものと考えられます。

　ここで実際上問題がありますのは、同一世帯内の親子間で賃貸借関係が継続されるかどうかということです。同一世帯というのは住居および生計を一にするものであって、同じ釜の飯を食い同じ財布で生活する親子間で子が親に借賃を支払うという関係を継続するということは同一世帯の性格からみて実行上困難を伴うものと考えられます。したがって、親子間で賃貸借をする場合には、世帯を別にするとか、同一世帯内で行う場合には、賃貸借でなく使用貸借で行うとかいったことも考えてみることが必要でないかと考えます。

《72》「解除」「解約の申入れ」「更新拒絶」「合意解約」の相違

？　農地法第一八条の規定をみると、賃貸農地の返還には、賃貸借の「解除」とか「解約の申入れ」とか「更新拒絶」とか「合意解約」などの名称がありますが、これらの内容や法律上の効果はどう違うのでしょうか。

! 農地の賃貸借を終了させる方法には、通常の場合「解除」、「解約の申入れ」、「更新拒絶」および「合意解約」の四種類がありますが、これらを行使できる場合や効果は違っており、賃貸借を終了させようとする事情いかんによって、どの方法を選ぶことができるかも違ってきます。したがって、これらの四種類の違いをはっきり知っておくことが必要です。

①「解除」は、賃貸借の当事者が契約上あるいは法律上当然に守らなければならない義務を怠った場合（債務不履行がある場合等）に、相手方がそのことを理由にして賃貸借契約を終了させる単独行為です（民法第五四一条、第六一二条第二項）。例えば、賃借人が借賃を支払期限までに支払わないので、支払うよう催促しても支払わない場合とか、賃借地を転貸するには所有者の承諾が要るにもかかわらず無断で転貸した場合には、所有者は賃貸借契約を解除することができます。

賃貸借契約を解除するには、相手方に賃貸借を解除する旨を通知することが必要であり、この通知をしたときに賃貸借は終了することになります。

賃貸借の解除は、相手方に賃貸借関係を継続させるに耐えられないような落度があった場合（信義に反する行為があった場合）に懲罰的に賃貸借関係を打ち切るものですから、賃貸借期間中であってもすることができます。

なお、農地の賃貸借契約を解除するには、あらかじめ知事の許可を受けたうえで、解除の通知をしなければなりません（農地法第一八条第一項）。

②「解約の申入れ」は、期間の定めのない賃貸借契約や期間の定めのある賃貸借契約で期間中であっても解約する権利が留保されているものについて、その当事者の一方が相手方に対して賃貸借契約を打ち切ることを申し入れる単独行為です。

解約の申入れは、農地などのように収穫季節のある土地の賃貸借契約についてはいつでもできるというのではなく、作物などの収穫後次の作付けに着手するまでの間にしなければなりません。解約の申入れをすると賃貸借契約は一年後に終了します（民法第六一七条、第六一八条）。通常の賃貸農地の返還請求は、この解約の申入れに当たるものですから、返還請求があってから一年間は賃借人が耕作する権利をもっています。

なお、農地の賃貸借について解約の申入れをする場合には、あらかじめ知事の許可を受けたうえでしなければなりません（農地法第一八条第一項）。

賃貸借の解約の申入れは、先に述べたように民法上解約の申入れの時期および終了の時期について定めがあり、これについては当事者が契約においてこれと代わる特約をすることは可能ですが、農地法では、この定めに比し賃借人に不利な賃貸借の条件はこれを定めないものとみなして、その効力を否定しています（農地法第一八条第七項）。

③「更新拒絶」は、期間の定めのある賃貸借について、当事者の一方が、その期間が満了したら引き続き賃貸借を継続しない旨の通知をする単独行為です。

民法では、期間の定めのある賃貸借についてその期間が満了すれば、その時に賃貸借は終了するのが建前です。しかし、農地の賃貸借については、農地法で、当事者の一方が、期間が満了する一年前から六か月前まで（特別の事由により一時賃貸をしたことが明らかな場合には、六か月前から一か月前まで）の間に、相手方に対して、期間が満了したら更新をしない旨の通知をしないときは、期間の満了の時に従前と同一の条件でさらに契約したものとみなされることになっています（これを賃貸借の法定更新といいます）。ただし、水田裏作目的の賃貸借で契約期間が一年未満であるものや、遊休農地について農地法第三七条から第四〇条までの規定によって設定された農地中間管理権に係る賃借権、農業経営基盤強化促進法による農用地利用集積計画又は農地中間管理事業の推進に関する法律による農用地利用配分計画によって貸し付けられた賃貸借には法定更新は適用されませんから、民法の原則に従って契約期間が満了した時に賃貸借は終了します（農地法第一七条）。したがって、一般的には、期間の定めのある賃貸借についてその期間の満了により返還を受けようとする場合には、この更新拒絶の通知をすることが必要です。

なお、この更新拒絶をする場合には、あらかじめ知事の許可を受けたうえで、その通知をしなければなりません。ただし、水田裏作目的の賃貸借とか存続期間が一〇年以上である賃貸借について更新拒絶の通知をするなど一定の場合には、知事の許可を要しません（農地法第一八条第一項第三号）。

④「合意解約」は、賃貸借当事者双方の合意によって、賃貸借契約を終了させる行為です。前に述べた「解除」、「解約の申入れ」および「更新拒絶」がいずれも当事者の一方のみによる単独行為であるのに対し、「合意解約」は、賃貸人と賃借人の双方の意思の合致によって行う行為です。したがって、合意解約は当事者の合意が要件となるのみで、その他には特に制限はなく、賃貸借期間中であっても、することができます。

なお、合意解約をする場合には、あらかじめ知事の許可を受けたうえでなければなりませんが、その合意解約が、民事調停法による農事調停によって行われる場合や賃借地を返還する日前六か月以内に、成立した合意である旨が書面で明らかなものについて行われる場合には、許可を要しないことになっています（農地法第一八条第一項第二号）。

許可を要しないで解約の申入れ、合意による解約又は賃貸借の更新をしない旨の通知をした者は、農業委員会にその旨を通知しなければならないことになっています（農地法第一八条第六項）。

《73》賃貸借期間が満了した場合

?

私は田三㌃を農業委員会の許可を受けて、Aに賃貸しております。ところがAは最近死亡しました。AにはBという相続人がおります。この賃貸借はBが相続するものと思いますが、賃貸借の契約期間が満了した場合には、この賃借権は消滅するものでしょうか。

私は死亡したAと契約したのであって、その期限までは相続人が賃借権を承継しますが、期限満了後は契約は消滅するものと思うのですが。

! 農地の賃借権も相続の対象となりますので、相続人のBが賃借権を相続するということはあなたのご意見のとおりです。

次に、Bが相続した後において賃貸借の契約期間が満了したときは、被相続人のAが生存中に契約期間が満了した場合と同様です。

農地の賃貸借で期間の定めのある場合には、その期間が到来しても当然にその賃貸借が終了するということはなく、期間満了の一年前から六か月前（賃貸人またはその世帯員の死亡または病気や負傷による療養、就学等の特別の事由（農地法第二条第二項に掲げる事由）によって一時賃貸をしたことが明らかな場合には、その期間満了の六か月前から一か月前）までの間に賃借人に対し更新拒絶の通知をしないかぎり、期間が満了したときに、従来と同一の条件でさらに賃貸借したものとみなされます（これを法定更新といいます。）（農地法第一七条）。

この同一の条件というのは、借賃の額とか、支払い方法とか、支払い時期などが該当しますが、期間は含まれません。例えば、五年という契約期間が期間満了により、また五年延期というのではなく、期間満了の翌日からは期間の定めのない賃貸借契約となるわけです。ただし、賃貸借契約で更新のときは期間を含めて更新する旨の条項があるときは、さらに定期の賃貸借として更新することは当然です。

《74》賃貸借期間中の解約の申入れ

? **私は一〇年の期間で農地法の許可を得て農地を賃貸し、現在三年を経過しております。最近周囲が宅地化され、この貸地を耕作地として利用することに適さない状況になりましたので、土地の返還を求め宅地に利用したいと考えております。このような場合、契約期間中の解約の申入れは認められるのでしょうか。**

! 農地の賃貸借には、期間の定めのない不定期契約と、期間の定めのある定期契約とがあります。不定期契約であればいつでも解約の申入れをす

ることができますが、定期契約は、その契約で期間内であっても解約の申入れをすることができる旨の条項が定められている場合を除いて、期間内の解約の申入れはすることができません。

したがって、あなたの場合、賃貸借契約に、期間内でも解約の申入れをすることができる旨の条項があれば解約の申入れをすることができますが、そうでないときは、付近が市街地化したからといって、賃借人が耕作しているものは一方的な解約の申入れをすることはできません。

もし、解約権の留保条項が定められていない場合で、どうしても賃貸借を終了させなければならない何らかの事情がある場合には、賃借人との合意による解約をすることができます。合意による解約は、賃借人との双方納得のうえで、賃貸借を終了させるものですから、賃借人と賃貸借を終了させる条件などについてよく話し合いのうえ、賃貸借を終了させることが必要です。

なお、合意解約であってその合意の成立後六か月以内に賃貸地の返還をうけることが書面で明らかにされているものは、農地の賃貸借の解約等についての知事の許可は不要です（農地法第一八条第一項第二号）。

《75》共同相続状態にある賃貸借の解除

？　私は、水田二〇アールを賃借人甲に賃貸しておりましたが、甲が死亡したため三人の息子A、B、Cが相続しました。
甲の生前から借賃が滞納になっているので、賃貸借契約を解除するとともに滞納借賃の請求をしたいのですが、どうしたらよいでしょう。

！　相続人が三人いる場合には、この水田の賃借権は三人の共有になります（民法第八九八条）。借賃の滞納額については、一般に民法では、分割債権分割債務を原則としています（民法第四二七条）。不可分債権債務は債権債務の目的となっている給付が性質上および当事者の特別な意思表示により不可分である場合に限られています（民法第四二八条）。

そこで、まず相続前に生じていた賃料支払債務は、可分債務として各共同相続人に分割して帰属することになります（大審院判例昭和五年一二月四日）。

次に相続開始後に生じた賃料支払債務は、各共同相続人の有する賃借権の対価と考えられるので、各共同相続人がそれぞれ賃料全部を支払わねばならないことになります（民法第四三〇条）。

次に所有者であるあなたが賃貸借契約を解除する場合には、特約のない限り共同相続人全員に対して催告し、全員に対して解除の意思表示をしなければなりません（民法第五四四条）。

なお、この場合、農地法第一八条の規定による知事の許可を受けた上でなければ解除することができないことは申すまでもありません。

《76》耕作権の心配がない水田裏作賃貸借契約

? **私の町では水田が相当ありますが、そのほとんどは裏作がなされないまま放置されております。反面、酪農をしている農家も何十戸かあります。この酪農家は飼料畑が不足しており、水田の裏作を希望しておりますが、水田所有者は農地法の耕作権問題が心配でなかなか貸してくれません。**

農地法では、水田の裏作だけの貸借については特別な扱いをし、返還も自由であると聞いておりますが、水田裏作を目的として貸借する場合どうなっているか教えて下さい。


! 農地法では、農地の貸借の制限、賃貸借の解約制限（賃貸農地の返還制限）などが定められておりますが、水田の裏作を目的とする賃貸借については、賃貸農地の返還制限を適用せず、契約に従って返還を受けられるなど、次のように水田裏作の促進に配慮されております。
①農地を貸借する場合には、農業委員会の許可を受けることが必要ですが、水田裏作を目的とする貸借についてもこの許可は受けて下さい（農地法第三

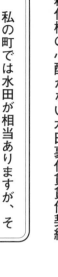

条）。

②賃貸借による賃貸農地の返還問題ですが、通常、水田裏作を目的とする賃貸借については、裏作一作を目的とする定期賃貸借（例えば、本年一一月一日から翌年五月三一日までの間、飼料作物を栽培することを目的とする賃貸借、以下、「一作契約」という。）と、一定期間（例えば三年なり五年間）毎年一一月一日から翌年五月三一日までの間に飼料作物を栽培することを目的とする賃貸借（以下「裏作定期契約」という。）との二つの方法があります。

農地の賃貸借で期間の定めのあるものについては、その期間の満了の際、更新拒絶がなされない限り賃貸借が継続する法定更新の規定がありますが、水田裏作を目的とする一年未満の賃貸借については、この法定更新の適用がありません（農地法第一七条）。したがって、右で述べた「一作契約」の場合には、契約期間の満了とともに賃貸借は終了しますから、所有者は直ちにその返還を受けられます。なおこの場合には、賃貸農地の返還についての知事の許可の問題は生じません。

次に、農地の賃貸借について解約、更新拒絶などをする場合には、あらかじめ知事の許可を受けなければなりませんが、水田裏作を目的とする定期賃貸借について更新拒絶を行う場合にもこの許可を要しないことになっています（農地法第一八条）。したがって、前に述べた「裏作定期契約」については、その契約期間の満了に際し、更新拒絶をする場合には知事の許可なしにすることができます。

以上のように、水田の裏作を目的とする賃貸借については、その返還について制限がありませんから、この点を水田所有者によく理解してもらって、飼料作に必要な水田を借りるようにして下さい。

なお、裏作麦についてもまったく同様です。

《77》賃借水田に稲以外の作物を栽培することは可能か

?　**賃借人が賃貸借契約により借り受けている水田に稲以外の作物を栽培したい場**

合、それは可能でしょうか。またその手続きはどうすればよいでしょうか。

! 一般的には、賃貸借による賃借地は、契約上特別の定めがなされていない限り、その農地の通常の用法に従って利用をなすべきものであり、その農地の通常の用法に従った利用ができなくなるような形質の変更たとえば田を普通畑あるいは樹園地などに地目変更するようなことは許されないと解されます。したがって、賃借人が借り受けている賃借地について用法変更を伴うような形質の変更をしようとするときは、賃貸人の承諾を受けたうえで行うべきです。

なお、賃借水田について、田としての形質を保全維持しながら一時稲以外の作物を栽培することは、右で述べた形質の変更には当たりませんから、賃借人が賃貸人の承諾を要しないで行うことが可能です。

おたずねでは、賃借水田に稲以外の作物を栽培することとありますが、その具体的内容が明らかでありません。もし、賃借水田を畑に転換して稲以外の作物を栽培しようという計画であれば、賃貸人の承諾を得なければすることができません。もし、このような行為を賃貸人に無断で行った場合には、信義に反する行為として賃貸借の解除原因となることがあります。

次に、賃借水田について田としての形質は保全しつつ一時的に稲以外の作物を栽培しようとするもので、いつでも稲を栽培することができるものであれば、特に契約上禁止の特約がない限り、賃借人のみで稲以外の作物を栽培することはさしつかえありません。なお、田に稲以外の作物を継続して栽培するときは、田としての形質が失われていくことが多かろうと思われますので、田としての保全には十分な注意を払っていくことが必要です。

《78》「信義違反」に該当するか

? 私は一農業委員です。農業委員会は、農地法第一八条第一項の許可申請書が提出された場合には意見を付して知事に送付しなければなりませんが、賃貸人から次のような理由で農地の賃貸借を解除したいという許可申請があった場合には、同条二項一号の信義に反する行為に該当すると考えるのが正しいのでしょうか。
①賃借人が病気などのため耕作能力がなく、やむを得ず他に転貸しようとしていること。
②賃貸人が負債整理のために賃貸農地を処分するため返還を受けようとしても、賃借人がこれに応じないこと。

❗　賃貸借の解除は契約の当事者の一方に債務不履行などがある場合に、その相手方がそれを理由に当該賃貸借契約を一方的に破棄する行為です。そして農地の賃貸借契約の解除の原因となるものとしては通常、借賃の滞納、賃借地の無断転貸または譲渡、賃借地の無断転用などが考えられます。しかし、これらの行為がただちに農地法第一八条第二項第一号の信義に反する行為に該当するとは限りません。「信義に反する行為」か否かは、客観的によく実態をみたうえで①民法上解除原因となる債務不履行などの事実があるかどうか、②その債務不履行などの行為が生じた原因について社会通念上宥恕《ゆうじょ》すべき事情があるかどうかなど、これ以上賃貸人が賃借人に貸しておくことができないと認められるような不都合な行為を賃借人がしたかどうかを判断する必要があります。

おたずねの①の事情は、まだ民法上解除原因となる無断転貸があったということはいえませんし、もし仮りに無断転貸が行われていた場合にも、一般的には賃借人またはその家族の病気のため耕作できず、一時転貸したことが明らかなときは、宥恕《ゆうじょ》すべき事情があるとして「信義に反する行為」に該当しない場合が多かろうと考えられます。また②の事案のような場合には、民法上の解除原因たる債務不履行などに当たるものではありません。

《79》 賃貸農地の無断転用は返還理由になるか

？ 賃貸農地について、その賃借人が所有者に無断で宅地に転用した場合、所有者はその賃貸農地を返還させることができるでしょうか。その根拠をお教え下さい。
また、賃借人が賃借農地に果樹等の永年性作物を植栽したい場合、所有者の承諾を受けることが必要でしょうか。

！ 農地の賃貸借は、通常の場合、その契約において宅地として利用することができる旨の定めがない場合には、特段の事情がない限り、農地として利用することがその賃貸借の内容となっていると解されます。したがって、賃借人には当該賃借地を農地以外のものとして利用する契約上の権限はなく、もし、農地以外のものとして利用する必要が生じた場合には、所有者の承諾を要することはいうまでもありません。

おたずねのように、賃借人が所有者の承諾を受けないで賃借地を宅地に転用した場合には、契約に違反する行為であり、特段の事情がない限り、賃貸借における信義に反する行為に該当し、賃貸借の解除原因になるのが通常であると考えられます。所有者が賃貸借を解除する場合には、知事の許可を受けたうえでしなければなりません（農地法第一八条第一項）が、賃借人に信義に反した行為があった場合には、許可することとされています（同条第二項第一号）。

なお、賃借人が宅地に転用した事実を所有者において了知しながら、何ら異議を述べることもなく、何年にもわたり借賃を受領してきたような場合には、当該無断転用に係る信義則違反は治癒していると認められ、もはや賃貸借を解除することができない場合が生じます。

次に、賃借地に賃借人が果樹等の永年性作物を栽培する場合には、契約上認められているかまたは当該地域においては当該果樹等の永年性作物を栽培することが普通作となっている等特段の事情がある場合を除き、所有者の承諾を要するものと考えます。すなわち、賃貸借による賃借地は、一般的には、その契約時の現状における通常の用法に従って利用すべき義務を負うものと解されますので、永年性作物を栽培できると認めうる特段の事情がない限り、賃貸人たる所有者の承諾を要するものと考えます。

したがって、おたずねの場合には、契約上果樹等の永年性作物を栽培できる旨の定めがあるかまたは当該地域の現状では従来普通畑であったものが果樹等の永年性作物を栽培することが普通作となっているという事情がない限り、所有者の承諾を受けられることがよいと考えます。

《80》賃借人が賃貸農地の土を無断で売却した場合

?　賃借人が借りている賃借地（畑）の土を所有者に無断で土建業者に売却して、その代金をとっていました。所有者が最近その事実を知り、契約違反であるから賃貸借契約を解除するといっています。この場合農地法第一八条の許可では信義に反する行為になるでしょうか。また、賃借人は相当の売却代金をとっていますが、そのままにするほかないでしょうか。

!　一般的に、農地の賃借人は賃貸借契約に定める内容に従って賃借地の使用収益をしなければなりません。賃借人が契約上許されない行為をする必要があるときは、所有者の承諾を得てしなければなりません。もし、賃借人が契約上許されない行為を所有者に無断でした場合には、賃貸借契約の解除原因になることがあります。その無断行為が、土地改良など賃借地をよくする内容で、所有者にとって何ら不利益になるものではないときは、賃貸借関係を継続することを困難ならしめる行為とは認められず、したがって農地法第一八条第二項第一号にいう「信義に反した行為」に該当しない場合が通常であろうと考えます。ところが、その無断行為が所有者の犠牲において賃借人が不当に儲けたり、土地を悪くするような行為や転貸など、所有者にとっても不利

益を生じ、その間、何ら宥恕《ゆうじょ》すべき理由もなく、所有者をして賃貸関係をこれ以上継続させることが無理であると認められるような場合には、「信義に反した行為」に該当し、賃貸借の解除を許可するのが通常であると考えます。

ご質問では賃借人が賃借地の畑土を無断で他に売却したとのことですが、畑土はもちろん所有者の所有に属し、賃借人がこれを他に売却する権限はありませんし、この行為は農地としての価値を減少させる場合もありますから、その行為は特段の事情のない限り「信義に反した行為」に該当する場合が多いと考えられます。賃借人のものでない畑土の売却行為ですと、その売却代金は賃借人に帰属すべきものではありませんから、所有者は、賃借人に対し、その売却代金に利息をつけた額を不当利得として返還の請求をすることができます。

《81》貸付けた農地から採土したい

？ 甲は賃貸農地とそれに隣接し、その賃貸農地より約三メー《メー》トル《トル》位段下がりの農地を所有しています。今回甲はその農地の土地改良のため、隣接貸付け賃貸農地から採土をして所有地に入れたい希望をもち、採土した後は耕作できるよう復旧する考えでいます。

このような場合、甲はその貸付けた農地の賃借人乙の承諾を得なければ所有権に基づく採土をすることができないでしょうか。農地の賃貸借における所有権と耕作権との関係について教えて下さい。

！ 農地の賃貸借は、貸主が借主に対して農地を耕作目的で使用収益させることを約束し、借主は貸主に対してその使用収益に伴なう対価すなわち借賃を支払うことを約束している法律関係です。したがって、貸主甲は借主乙に対して賃貸農地を使用収益させる義務を負っており、いいかえれば、その賃貸農地を乙が耕作するのに適する状態にしておく義務があるということができます。

　農地の賃貸借が有効に成立したときは、農地が借主に引き渡され、借主が占有して耕作しているのが通常です。この場合、貸主がその農地の修繕など保存に必要な行為をするときは借主はこれを拒むことはできません（民法第六〇六条）が、貸主はその他の事由で借主の使用収益に妨げとなるような行為をすることは許されません。

　設問の採土行為は、隣接農地の改良のために行うものであって前にいう賃貸農地の保存行為ということはできませんし、農地から採土するとなれば、その採土中は借主の耕作の妨げとなったり、採土した後復旧工事をするとしても、しばらくは減収を生ずることなどがあったりするので、甲は所有権があるからといって乙の承諾を得ずに行うことはできないと考えます。

　具体的な採土の内容が明らかでありませんが、甲が乙の承諾を求めるについては、その具体的な採土方法、乙の耕作方法、復旧計画、乙の耕作上の損害、復旧後の減収などの程度およびこれに対する補償、借賃の減免などについて十分話し合いをして承諾をえることがよいと考えます。

《82》賃借人が自己所有農地を処分した場合と賃貸農地の返還

？

**　賃借人は自己所有農地五〇アール、借入れ農地二〇アールを耕作していましたが、最近都市化の影響で宅地化が進み、自己所有農地は次々と売却したり、転用したりして、現在では借入れ農地のみを耕作するにすぎません。賃借人は転用地に貸アパートを経営しながら、農外に働きに出ています。これでは離作料目当てに賃借農地を耕作しているにすぎません。このような場合でも、賃借人の同意がなければ、賃貸農地を返してもらえないでしょうか。**

! 農地の賃貸借契約の解除、解約等をしようとする場合には、当事者は、一定要件のもとにおける合意解約の場合、一〇年以上の賃貸借の更新拒絶の場合等を除き、知事の許可を受けなければなりません（農地法第一八条第一項）。この場合、知事は、それが①賃借人に信義に反する行為がある場合、②その賃貸農地を農地、採草放牧地以外に転用することを相当とする場合、③賃貸人の耕作を相当とする場合、④遊休農地等について農地中間管理機構との協議勧告が行われた場合、⑤賃借人である農地所有適格法人がその要件を欠いたなどの場合、⑥その他正当の事由がある場合のいずれかに該当する場合には、許可することができます（同条第二項）。

おたずねでは、賃貸人がどんな事情で返還を受けたいのか、賃借人がどのような事情で自己所有農地を処分したのか等当事者双方の事情が明らかでありませんので、はっきりしたお答えはできません。

賃借人がやむをえない事情もないのに自己所有農地の売却あるいは転用をしアパート収入と農外収入でその生活をしていると認められる場合においても、その行為をもって解除原因となるような賃借人に信義に反した行為があったということはできないと考えます。賃貸人に積極的な返還を求める事情があるときは、賃借人の右のような事情のもとでは右の②または③、場合によっては④に該当する場合が多かろうと考えます。

なお、農地の賃貸借の解除、解約等の賃貸農地返還は、前に述べた許可があれば、賃貸人の一方的な請求も可能でありますし、知事の許可できる場合に該当すれば、賃借人の同意がなくてもなされます。

《83》賃貸農地の返還を受けて自分で耕作したい

？ **私は四六年前から田一〇アールを貸しています。長男も農業高校を卒業して農業に従事しており、酪農を目ざして現在二五頭の乳牛を飼っています。牧草畑が足りないので、親戚、知人の田畑を借りて耕作しているのです。そこで、貸付け田を返してもらうため賃借人と話**

をしておりますが、賃借人は同意しません。耕作するより月給取りの方がよいといって返す人もいます。できれば話し合いによって返してもらいたいが、話し合いがつかない場合、こちらが否応なしに立ち入って耕作してもよいでしょうか。よい方法をお教え下さい。

!　貸付け農地を返してもらう場合（農地賃貸借契約の解約等をする場合）には、知事の許可を受けなければなりません。ただし、所有者、賃借人が話し合いのうえで合意解約をする場合などには、許可は不要で、農業委員会に通知すれば足ります（農地法第一八条）。

賃借人との間で賃貸農地の返還について話し合いがまとまらない場合には、所有者が一方的に賃貸農地に立ち入って耕作することは許されません。この場合には、賃貸借契約の解約の申入れについて知事の許可を受けたうえ、賃借人に解約の申入れを行い、賃貸借の終了を待って農地の引き渡しを受けることが必要です。なお、知事は、自ら耕作する目的での賃貸借の解約の申入れについて許可申請があった場合には、営農状況など所有者、賃借人双方の事情を勘案して、賃借人が引き続き耕作することが適当か、所有者が自ら耕作することが適当かを中心に判断して、許可、不許可を決めます。

次に、一方的な手続きによらず、できるだけ話し合いによって返してもらいたい場合には、裁判所に民事調停法による農事調停の申立てをして調停してもらうか、農業委員会に農地法第二五条による和解の仲介の申立てをして和解の仲介をしてもらうかの二つの方法があります。この両者はよく似た制度で、当事者の双方または一方から申立てがあったときは、農事調停の場合には調停委員会が、和解の仲介の場合には仲介委員が、それぞれ当事者双方の事情をよく聞いたうえで、条理にかない、かつ、実情に即した解決方法を見出して当事者の話し合いをまとめるよう努力してくれます。

農事調停は当事者の一方から申し立てる場合には、地方裁判所にしなければなりませんが、調停は裁判と違って、比較的短期間で解決がつき、また、費用も大してかかりません。
この手続きなどのくわしいことは、農業委員会か、都道府県の小作主事におたずね下さい。

《84》継母に貸した農地を弟が耕作している

?

二〇年ほど前に、家庭の事情により継母が父と別れ、私の土地に家を建て若干の畑を作りながら一人で住んでいました。その家の固定資産税や電気代は私が支払い、また土地の借賃も無償という口約束です。ところが、昨年春頃その継母が病気のため弟(継母の実子)が引き取って世話をしていますが、継母の作っていた畑を無断で弟が耕作しています。継母が出た後もその土地を継母や弟が耕作する権利があるのでしょうか。私が返してもらうことはできないでしょうか。

!

具体的な事情がはっきりしませんが、あなたの所有する畑の継母との貸借関係は無償という約束でありますので、一応、使用貸借契約によっているとみてよいでしょう。
使用貸借は、期間を定めていれば期間の満了によって終了し、使用収益の目的を定めておればその目的を達したときに終了し、その他の場合には、貸主はいつでもその返還を請求することができます(民法第五九七条)。また貸主は無断で譲渡転貸がなされたときは、契約を解除して返還を請求することができることはいうまでもありません(民法第五九四条)。
ところで、ご質問の場合には、継母が昨年春から病気のため弟さんが引き取って世話をされ、畑も弟さんが耕作されているようですが、弟さんが病気の継母を引き取って世話をされている事情のもとにおいては、一般的には、その間に耕作権の譲渡、転貸があったとみることは相当でなく、継母の補助者として弟さんが働いているにすぎないとみるのが相当です。したがって、この限りでは、無断転貸、譲渡を理由に貸借契約を解除することは許されないと考えます。

また、その貸借が、継母が生活するため必要な限りで貸すという趣旨のものであれば、継母が病気のため一時的に耕作できないもので、病気が治れば再び耕作される事情にあるような場合には、返還を請求することは相当でないと考えられます。なお使用貸借は、借主の死亡により終了する（民法第五九九条）ので、将来継母が死亡されたときは、その耕作が弟さんには相続されるようなこともありません。また、使用貸借は、賃貸借のような農地法で返還の制限をしておりませんので、返還の請求に際して知事の許可なども必要ありません。

《85》契約期間の切れた賃借地は返還しなければならないか

？　私は田二〇アールを賃借していますが昨年の一〇月末日で賃貸借契約期間が切れたため、所有者から賃借地の返還を請求されています。所有者は「期間が満了すれば当然賃借人の耕作権はなくなる」といっています。

！　農地法では「耕作者の地位の安定と国内の農業生産の増大」という公共の目的のために、期間の定めのある賃貸借についてその期間が満了しても、当然には賃貸借が終了しないことになっています。

すなわち、期間の定めのある賃貸借については、その期間満了の一年前から六か月前まで（療養や就学等によって耕作等ができない際の一時貸付契約の場合六か月前から一か月前まで）の間に、農地法第一八条の規定による知事の許可を受けて、更新をしない旨の通知を賃借人にしないときは、従前の賃貸借と同一の条件でさらに賃貸借したものとみなされます。ただし、賃貸借が市町村が行う農業経営基盤強化促進法に基づく農用地利用集積計画によって設定された賃借権や農地中間管理機構による中間管理権であれば、法定更新の適用がなく、契約期間が満了すると賃貸借は終了します（農地法第一七条）。

賃貸借の解除、解約、更新拒絶等の許可申請があった場合知事は、①特段の事情がないのに借賃を納めないなど「信義に反する行為」のあった場合、②その賃借農地を農地以外のものにすることが社会的にみて必要であり、農地を潰すことがやむを得ないと認められる場合、③賃貸人に自作する経営能力や施設があり、かつ、その取上げによる賃借人の生計への影響が賃借人の耕作者としての地位の安定を害しない程度のものである場合、④遊休農地等について農地中間管理機構との協議勧告が行われた場合、⑤賃借人である農地所有適格法人がその要件を欠いたなどの場合、以上にあげたほか例えば賃借人が遠方の町に転住するなど争いの余地のない事情によって賃貸借関係を終了させることが至当であると判断される場合などのいずれかに該当すれば許可することができます（農地法第一八条第二項）。

　ご質問の場合は、農用地利用集積計画によって設定されたものではないようであり、また、所有者が知事の許可を受けて適法に更新をしない旨の通知をしてはいないようですから、賃貸借契約は更新していることになります。

　知事の許可を受けずに賃貸農地を取り上げても無効で、違反した者は罰せられることになっていますから、所有者の賃貸農地取上げが知事の許可を受けた適法なものかどうかを地元の農業委員会で確認されるのがよいと思います（農地法第一八条第五項、第六四条）。

《86》賃借人が一〇年の契約期間を定めることを拒否する場合

？　私は、賃貸農地を所有しておりますが、全て賃貸借期間の定めはありません。農地法では、一〇年以上の賃貸借期間にしておくと期間満了時には、無条件で返還が受けられるとききます。

　そこで、賃借人に対し、一〇年の賃貸借期間を定めた契約にするよう申し入れましたが、賃借人は承諾してくれません。このような賃借人の行為は、「信義に反する行為」として契約を

解除することはできないでしょうか。

! 一般的に、賃貸借契約は当事者の合意によって成立するものであり、その変更も当事者の合意によらなければなりません。従来契約期間の定めがない賃貸借契約について期間を定めようとする場合も同様です。

特に、貸主の側では、期間満了の際には無条件で返還をうけることを意図して一〇年の期間を定めようとするものであり、賃借人にとっては、実質的に重大な影響を生ずる契約の変更です。その意味では、所有者と賃借人とでは、利害の反する契約の変更ということができます。

したがって、このように賃借人にとって重大な影響を生ずる契約の変更であり、かつ、期間の定めのない賃貸借を存続させることは適当でないという客観的理由もありませんから、所有者の申し入れに対し、賃借人は契約上応諾すべきであるということはいえません。このようなことは、まったく賃借人の自由意思によって決定されるべき性質のものと考えられます。もし、賃借人が所有者の申入れを拒否したとしても、その行為は、契約上「信義に反する行為」ということにはできません。

《87》同一世帯内で耕作権は生じるか

? **同一世帯内で生計を共にする親、子が争いを生じ、所有権は親にあり、就農者が子である場合、耕作権は成立するでしょうか。また子が買取る場合、農地法第三条の許可は必要ですか。**

! いわゆる「耕作権」といわれるものは、農地を耕作することができる法律上の権原をいうものと理解され、所有権以外の使用収益権をいうこともありますが、また、所有権も含めていることもあるようです。

同一世帯の中においても、所有者と耕作権者とが異なることは可能ですが、このためには、所有者から賃借権、使用貸借による権利その他の使用収益権を得ていることが必要なわけです。同一世帯の中の親子間で賃借権その他の使用収益権が設定される場合においても、農地法第三条の規定による農業委員会の許可を受けることが必要であり、この許可を受けていないときは、その効力を生じません。

わが国の農業経営は、農家というか世帯というかそういう単位で営まれているのが実情です。同一世帯の中で農地の所有者と実際の経営主とが違う場合はよくありますが、このような場合、所有者と経営主との間で賃貸借契約をしているということは稀で、通常は何ら貸借関係を生ぜしめないまま事実上所有者以外の者が経営を主宰しているにすぎません。このような場合には、経営主は、いわゆる耕作権をもっているということにはなりません。

ご質問の場合においては、同一世帯内にある親子間で農業委員会の許可を受けて使用収益権が設定されているときは、子に耕作権があり、そうでないときは、その農地の耕作権は所有者である親にあるということになります。

なお、親子間でその農地の売買をすることになった場合においても、一般の場合と同様農業委員会の許可を受けることが必要です。

《88》離婚した夫が契約した賃借地の耕作権

? 賃貸借契約は甲名義でなされ、甲はその妻乙と共同してその賃借地を耕作していたが、その後甲は乙と離婚し、他県に転出してしまった。乙はそのままその農地を耕作しているが、法的にみて正当な耕作権が乙にあるといえるでしょうか。

! 農地の賃貸借は、所有者と賃借人（甲）との個人間の契約です。その後、夫婦が離婚し、夫（甲）は他県に転出し、妻（乙）がそのまま残って賃借地を耕作しているようですが、その具体的事情が明らかでありません。

夫婦が離婚する場合には、離婚に伴う財産分与等の取決めが行われるのが通常ですが、ご質問の場合にも、甲乙間で賃借地は乙が耕作することが決められており、甲から乙へ賃借権の譲渡が行われる契約が成立しているとみることができる場合もあると考えます。もっとも、この場合においても、この賃借権の譲渡については農業委員会の許可を受けることが必要であり、この許可を受けていないときは、賃借権の譲渡の効力は生じておりません。ただし、離婚に伴う財産分与が家庭裁判所の裁判等によって行われたときは、この許可は要しません（農地法第三条第一項第一二号）。

この賃借権の譲渡については賃貸人の承諾を必要とし、その承諾を得ないで譲渡されたような場合には、一般的には賃貸人は賃貸借を解除することができますが、賃貸借の解除については知事の許可を必要とします。この場合に、夫婦の離婚に伴う財産分与というような特殊の場合においては、直ちにこれが「信義に反する行為」に当たるということはできません。従前の耕作の実態、離婚に伴う乙の経済事情等の諸事情を勘案して、果たして賃貸人にとって賃貸借を継続することに耐えられないような信義違反行為に当たるかどうかを判断することが必要であり、賃貸借の継続を困難ならしめるような信義違反と認められた場合に限って、知事は賃貸借の解除につき許可をすることになります。

《89》貸借の許可を受けていない農地の耕作権

？

私は昨年甲から農地を一〇《アール》賃借し、現在まで耕作してきました。この際農地法の許可は受けておりません。最近になり、甲は私に農地の返還を請求し、「農地法の許可がないから、あなたには耕作権はない」といっております。このような場合、私が借りている農地について、私は耕作権を主張することはできないものでしょうか。

もちろん借賃は納めております。

！

耕作権とは、一般的に農民が農地を耕作することについての正当な権原を総称したものといわれております。法律上においては耕作権という特定した権利はなく、常に所有権、地上権、永小作権、賃借権、使用貸借による権利等具体的な権原に基づき主張することができる権利といえます。

農地についてのこれらの権利の移転・設定は農地法の規定により農業委員会の許可を受けなければ、その効力は生じないことになります（農地法第三条第六項）。したがって農業委員会の許可を受けていない賃貸借契約は法律上有効なものとは認められず、これに基づく耕作権を主張することはできないことになりますから、所有者から農地の明渡しを求められたときは、これを拒否することはできないと解されています。

反面、農地法上の許可は契約の効力要件として存在するもので、賃貸借契約を締結したときはその契約の効力を生ぜしめるため所有者はあなたとともに農業委員会に対し、賃借権設定について許可申請をする義務を負担していると解されておりますから、所有者に対し許可申請に協力するよう要求し、もし、所有者がこれに応じなければ、賃貸借契約が適法に成立するよう農事調停の申立てを裁判所にされた方がよいと考えます。

《90》賃借人が死亡した場合の耕作権

？ 賃借人が死亡しました。その賃借人は独身者で親、子ともおりませんが、兄の子（兄はすでに死亡している）、姉、弟および妹がおります。このような場合、その賃借地の耕作権はどうなるでしょうか。所有者は農地の返還を求めることができますか。

！ 一般的に借人が死亡した場合の借地の耕作権は、それが賃借権である場合にはその相続人が相続し、それが使用貸借による権利である場合にはその死亡の時に消滅します。

賃借人が死亡し、その賃借人に、妻または夫たる配偶者、子、孫等の直系卑属および父母等の直系尊属がともにいない場合には、その兄弟姉妹が相続人となり、賃借権を相続することになります（民法第八八九条第一項第二号）。

この場合、兄が死亡し、その兄に子がある場合には、その子は親である兄の相続分と同じ相続分をもつ相続人となって相続することになります（代襲相続）。なお、兄弟姉妹間の相続分は均等です（民法第八八九条第二項、第九〇〇条及び第九〇一条）。

ご質問の場合、賃貸借に基づく貸借ですので、賃借人には親、子、配偶者がいないわけですから、その兄の子と弟、姉、妹の四人が相続人となって、賃借人であった被相続人の遺産を相続することになり具体的に賃借地の賃借権をだれが相続するかは、相続人間の遺産分割の協議により決めることになります。

したがって賃貸借による賃借人が死亡した場合には賃借人が死亡したからといって貸主は当然にはその返還を求めることはできず、賃借権を相続した賃借人に対して賃借地の返還請求をするときは一般の賃借地の返還を求めるときと同様に、あらかじめ、農地法第一八条の規定により都道府県知事の許可を受けたうえで、解約の申入れ等の手続きをとることが必要です。

なお、使用貸借による借主が死亡した場合には、その死亡の時に使用貸借は終了します（民法第五九七条）から、所有者はその相続人に対して農地の返還を請求することができます。

《91》口頭契約で貸した賃貸農地の返還

？

戦前に、労力ができるまでという口約束で賃貸した農地について、賃借人は返還に応じてくれません。農地改革の文書化の時も農地法制定の時も賃貸農地の届け出はしておりません。この賃貸農地の返還について、次の点をお教え下さい。

㈠八〇年前からの賃貸農地の返還でも、農地法の制限を受けるでしょうか。

㈡賃貸農地返還と民法との関連はどうか。

㈢全国農業会議所発行の「農地全書」記載の次の趣旨と関連して、耕作権、ヤミの貸借権の根拠をお教え下さい。
①農地法の許可を受けないでした貸借は、農地を現実に耕作していても、耕作権をもっているといえず、その農地は賃借地とはいえない。
②許可を受けていない賃借権は有効と認められず、所有者の明け渡し要求を拒否できない。
③「ヤミの賃借」であるときは、正規の賃借地の返還に離作料があるからといって、当然に離作料の支払いを請求できない。

❗

(1) 農地の賃貸借の解除や解約など賃貸農地の返還請求は、一定の方式により所有者と賃借人が話し合いのうえ合意解約をする場合等、特定の許可を要しない場合を除き、あらかじめ知事の許可を受けなければなりません（農地法第一八条）。この制限は、八〇年前からの賃貸借であろうと最近の賃貸借であろうと現在有効に存続するすべての農地の賃貸借に適用されます。

なお、許可の申請があった場合、知事は①賃借人に「信義に反する行為」があった場合、②賃貸農地の転用を相当とする場合、③所有者の自己の耕作を相当とする場合、④賃借人である農地所有適格法人がその要件を欠いた場合等、⑤その他正当の事由ある場合には、許可することができます（同条第二項）。

(2) 農地の賃貸借については、民法の規定に従って行うことが必要であることはいうまでもありませんが、農地法は民法の特別法ですので、農地法に特別の定めがある事項については、農地法の規定が優先し、その限りで民法が修正されているといえます。例えば、期間の定めのある賃貸借について、民法では、その期間の満了により賃貸借は終了することになりますが、農地法では、その期間満了前の一定期間内に更新拒絶の通知をしない限り、期間満了と同時にさらに賃貸借をしたものとして賃貸借が継続する（農地法第一七条）こととなっています。したがって、農地の賃貸借については農地法の定めるところによることになります。

また、農地法では、賃貸農地の返還請求（賃貸借の解除、解約の申し入れ等）は、知事の許可を要する（農地法第一八条）ことになっていますから、民法で賃貸借の解除、解約の申し入れをすることができる場合でも、農地法の規定によって知事の許可を受けなければすることができません。

(3)　耕作権は、農地を耕作することができる法律上の権原を総称している名称と考えられます。

農地の貸借については、農業委員会の許可を受けなければ、その効力が生じません（農地法第三条第六項）。したがって、許可を受けた貸借は、一般的には有効に貸借関係が成立し、その賃借人に耕作権があるといえます。しかし、許可等を要するにもかかわらず、許可を受けないで貸借をした場合には、その貸借は有効なものとはいえませんから、賃借人が現実に耕作していても、その農地を耕作することができる法律上の権原を有しているとはいえません。このような耕作関係を、俗に「ヤミの貸借」といっています（ただし、許可をうけない貸借であっても、それが二〇年以上平穏かつ公然と継続されてきたときは、取得時効（民法第一六三条）の完成によりその賃借人が賃借権等の耕作権を有していると認められる場合があります。時効による権利取得をした場合、権利を取得した者は、農地法第三条の三により、農地等の存する市町村の農業委員会に届ける必要があります）。

《92》開墾地にも農地法の適用はあるか

?　**現況が山林、原野であるものについて賃貸借契約を結びその後賃借人が開墾して農地としているものは、農地の賃貸借とみることができますか。**

!　農地法では、現況農地について賃貸借契約を締結するときは、農業委員会の許可を受けなければその効力を生じないこととなっています（農地法第三条）。現況が山林、原野である土地について耕作目的で賃貸借契約をし、借主が開墾し、耕作することは民法上可能であり、このように現況が非農地

である土地について耕作目的の賃貸借契約が締結されるときは農地賃貸借についての許可は不要であると考えます。

賃貸借当時現況が山林、原野であるものは、その当時においては農地の賃貸借ということにはなりませんが、その後、借主が貸主の承諾を得て開墾し、耕作して現況が農地となったときは、そのときから農地の賃貸借ということになります。したがって、農地となったときからは、その農地は賃貸借地であり、賃貸借契約の解約等の制限（農地法第一八条）の適用を受けます。

《93》合意解約等の通知の受付処理

? **農地の賃貸借の解約であっても、賃貸人、賃借人双方が合意によって解約するときは、知事の許可が不要ですが、農業委員会としては、合意解約等の通知書が提出された場合、どのような審査をし、措置すればよいでしょうか。**

! 農地の賃貸借の解除をし、解約の申入れをし、合意による解約をし、または更新の拒絶をしようとするときは、当事者は、知事の許可を受けなければならず、この許可を受けないでした行為は効力を生じないこととされています（農地法第一八条第一項、第五項）。ただし、次の場合には、この許可を要しないこととされています（同条第一項ただし書）。

①農業協同組合又は農地中間管理機構の信託事業に係る農地の賃貸借についての解約の申入れ等でその信託の終了の日前一年以内に賃貸借が終了することとなるもの（賃貸借の解除及び信託の引受け時から存した賃貸借の解約等を除く）（一号）。

②合意による解約でその農地の引渡しの時期が解約の合意の成立後六月以内にある旨が書面で明らかなもの（二号）。

③民事調停法による農事調停によって合意による解約が行われる場合（二号）。

④一〇年以上の定期賃貸借（解約権を留保したもの及び期間を変更したものでその変更後の期間が

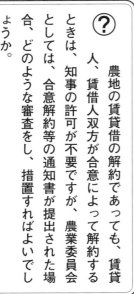

一〇年未満のものを除く）について更新の拒絶が行われる場合（三号）。

⑤水田裏作を目的とする定期賃貸借について更新の拒絶が行われる場合（三号）。

⑥解除条件付賃借権の設定の許可を受けた者が農地等を適正に利用していないと認められる場合にあらかじめ農業委員会に届出て解除する場合（四号）など。

農地の賃貸借について右の①から⑥までに該当して知事の許可を受けないで解約の申入れをし、合意による解約をし、または更新の拒絶をした場合には、これらの行為をした者は、三〇日以内に農業委員会に通知することとされています（同条第六項）。

この通知は効力発生の要件になるものではありませんが、農業委員会は、この通知書を受理したときは、その通知に係る合意による解約等が前述の許可を要しないものに該当するかどうかを審査し、もし当事者が間違って許可を要するものを通知してきたときは、直ちに当事者にその旨を通知するとともに必要な指導を行うようにして下さい。また、許可を要しないものに該当するときは、直ちにその賃貸借の当事者にその旨を通知するとともに農地台帳や地図に所要の記載をするようにして下さい。

《94》賃借水田に飼料作物を栽培した場合

？ **賃借水田の賃借人がその賃借水田に賃貸人の承諾を得ないまま飼料作物を栽培したところ、賃貸人から契約違反であるから賃借地を返せと要求されております。このような場合、農地法上賃借地を返還せねばならないことになるでしょうか。**

！ 農地の賃貸借についてその賃貸人が一方的に解除、解約等をしようとするときは、知事の許可を受けなければその効力が生じないこととされています（農地法第一八条第一項、第五項）。

ところで、賃借人がその借り受け水田を田以外のものにその地目を変更するには、通常の場合、賃貸人の承諾を得て行わなければなりません。したがって、賃貸人の承諾を得ないで賃借人が賃借水田を畑としたような場合には、「信義に反する行為」として賃貸借の解除原因となる場合が通常です。農地法では、賃借人にこのような「信義に反する行為」があった場合には、賃貸借の解除を許可することとされています（第一八条第二項第一号）。

賃借水田を畑に変更するのでなく、田としての形質を保全しつつ一時稲以外の作物を栽培することは、賃貸人の承諾を必要としません。したがって、このような範囲で賃借人が賃貸人に無断で賃借水田に稲以外の作物を栽培しても、賃貸借の解除原因となる「信義に反する行為」には該当しません。

おたずねの場合、賃借人が賃借水田を田としての形質を保全しつつ一時飼料作物を栽培するものであれば、通常の場合契約違反行為にならず、それのみを理由とする賃借地の返還請求は、農地法上もこれを許可することにはならないものと考えられます。

《95》賃貸借契約に定める特約条項の効力

？ 農地の賃貸借契約を締結する場合に、その契約の中に次のような特約条項を定める場合、その効力はあるものでしょうか。

①所有者がいつでも一方的に契約を解除することができること。

②賃借地を返還する場合は無条件で返還することとし、離作料は請求しないこと。

！ 農地の賃貸借契約においては、その契約内容は、一般的に契約自由の原則からいって、公序良俗や法令に反しない限り、当事者の合意によって定めることができるものと考えます。

おたずねの特約条項については、その内容が必ずしも明らかでありませんが、一般的には次のように考えられます。

①解除条項については、その内容によって異なってきます。まず、それが解除条件を定めたものであ

れば、それは無効であります。農地法では、農地の賃貸借につけた解除条件はつけないとみなす旨の規定があり（農地法第一八条第八項）、この規定に抵触する特約条項として無効となります。

なお、農地法第三条第三項第一号、農業経営基盤強化促進法第一八条第二項第六号及び農地中間管理事業の推進に関する法律第一八条第二項第五号に規定する解除条件は除かれています。

次に、それが期間の定めのある賃貸借においてその期間内でも所有者が解約権を留保する旨の条項であれば、それは有効であると考えます。

また、それが所有者が賃貸借の解約の申入れをいつでもでき、解約の申入れをしたら、所有者の定める条件で賃貸借が終了することを内容とするものであるときは、無効であると考えられます。民法では、農地の賃貸借の解約の申入れは、通常の場合作物の収穫後次の作付前にしなければならず、解約の申入れ後一年を経過したときに賃貸借は終了することとされています（民法第六一七条）。そして、農地法では、この民法の規定と異なる賃貸借条件で賃借人に不利なものは定めないものとみなす旨の規定があり（農地法第一八条第七項）、前述のような特約はこの規定に抵触して無効と考えられます。

②賃借地の返還に際して、賃借人が離作料の請求をしない旨の特約は、特段の事情がない限り、有効なものと考えられます。

《96》市街化区域内の賃貸農地を転用のため返還を受けられないか

?

市街化区域内に賃貸農地を有する者が、近く二男が結婚するので、その住宅を建築するため賃借人にその賃貸農地の返還を申し入れたが拒否されました。このような場合、どうしたら、返してもらえるでしょうか。

なお、この賃貸農地の周辺は宅地化してきております。

!

農地の賃貸借の解除、解約、合意による解約または更新拒絶をするには、一定要件のもとに合意による解約が行われる場合などを除き、知事の許可を受けなければなりません（農地法第一八条）。

おたずねの賃貸農地は期間の定めのない賃貸借によるもののようであり、また、賃借人の側に契約の解除原因となるような信義に反する行為もないようですから、賃貸農地の返還を受けるには、賃借人との話し合いによる解約（合意による解約）か、賃借人との話し合いがつかない場合の一方的な解約かのいずれかの方法によることとなります。しかし、おたずねでは、すでに賃借人とは賃貸農地の返還について話し合いをされたが、賃借人が拒否しているとのことで、合意による解約も望みがないようです。結局は一方的な解約の方法によるほかないと考えられます。

農地の賃貸借の解約は、知事の許可を受けなければなりませんが、許可についての基準は法律で明示されています（農地法第一八条第二項）。おたずねは、市街化区域内の農地であり、具体的に二男の住宅用地に転用される計画でありますので、立地的には転用相当であろうと考えられます。したがって、所有者がその地域における離作補償の慣行からみて妥当と認められる離作料を支払うことを条件として解約をしようという場合には、特別の事情がない限り「その農地を転用することを相当とする場合」に該当して、離作料の支払いを条件として許可されるのが通常でないかと考えられます。

なお、市街化区域内にある賃貸農地であっても、具体的に転用する計画がなく、したがって返還を求める相当な事由がない場合、地域慣行からみて相当と認められる離作料を支払う意思のないような場合などには、必ずしも許可されるものではありません。

《97》永年にわたり所有権移転登記をしていない耕作地は賃借地か

？ 永年にわたり農地を売買により買い受けて耕作している者が、売買による所有権移転登記をせず、登記名義は売主のままと

なっております。このような農地は、農地法では賃借地になりますか。

！　農地の売買等による所有権の移転は、農業委員会の許可を受けなければならず、この許可を受けないでした売買等は無効です（農地法第三条第一項、第六項）。

おたずねでは、売買により所有権を取得して耕作しているが登記名義は移していないとのことですが、買主が所有権を有効に取得している限り、その登記名義人が売主のままとなっていても、賃借地には該当しません。ただし、当事者は、売買により所有権を移転したとして買主が耕作しても、農地法の許可を受けないで売買している場合には、その所有権移転は無効であり、所有権移転の登記もできません。このような場合には、その農地の所有権は売主にあることになりますが、耕作者には有効な耕作権原はありませんから、賃借地ということにはなりません。

《98》水田裏作の賃貸借の満了には知事の許可が必要か

？　私は、水田二㌶を栽培しています。最近、酪農家から、飼料作物を栽培したいので裏作期間だけ水田を貸してほしいという依頼がありました。この依頼に応じて農地法第三条の許可を受けて水田を賃貸し、その期間満了時に水田を返してもらおうとする場合、知事の許可が必要でしょうか。

！　水田裏作を目的とする賃貸借でその期間が一年未満であるものについては、その期間が満了するときに賃貸借は自動的に終了し、その水田を返してもらえます（農地法第一七条）。

また、水田裏作を目的とする賃貸借で、その期間が一年以上に及ぶものについても、賃貸借の更新をしない旨の通知（更新拒絶の通知）をする際の都道府県知事の許可は、不要とされています。（農地法第一八条第一項第三号)。

したがって、あなたが水田を裏作目的で賃貸借された場合、その賃貸借期間が満了すれば、都道府県知事の許可を受けることなく、更新しない旨の通知をすることにより、水田を返してもらえます。

なお、あなたは農地法第三条の許可を受けて賃貸しようとされていますが、農地の農業目的での売買や賃貸借等の権利の設定、移転については、市町村が作成する農地の権利の設定、移転に関する計画(農用地利用集積計画)による方法もあります(農業経営基盤強化促進法第一八条~第二〇条)。この農用地利用集積計画によって設定された賃貸借は、その存続期間が満了する時に自動的に終了し、離作料を支払うことなしに農地は確実に返還されます(農地法第一七条)。最近の賃借権設定件数の九割近くが、この市町村の作成する農用地利用集積計画によって行われています。

当然に、水田裏作を目的とする賃貸借についてもこの農用地利用集積計画の対象となりますので、あなたの水田の賃貸借について農用地利用集積計画の作成が可能かどうか、まずは賃貸されようとする農地のある市町村におたずねされることをお勧めします。

《99》認定農業者に貸した場合に飯米確保のための代替地を借りられる計画とは

?

私は、三十ルアーの水田を耕作する兼業農家です。この度、農業委員のあっせんで、その水田をAさんという認定農業者に貸し付け、飯米確保のための代替地として私の家の近くにあるBさんの水田を借り受けることにしました。

これらの貸借は町が作成する計画によって行うので、下限面積制限の適用はないと聞きましたが、それはどのような制度でしょうか。

!

ご質問の「町が作成する計画」というのは、農用地利用集積計画のことだと考えられます。これは、農業経営基盤強化促進法に基づく利用権設定等促進事業によって市町村が作成するものです。これによって農用地の売買や貸借をする場合には、受け手は、原則として次の要件をいずれも満たすこととされています。

①農用地の全てを効率的に利用して耕作又は養畜の事業を行うこと

②必要な農作業に常時従事すること

また、②の要件を満たせない場合については、解除条件付賃貸借とすることを条件に、①に加え、次の要件（基盤法第一八条第三項第三号）を満たすこととされています。

③地域の農業における他の農業者との適切な役割分担の下に継続的かつ安定的に農業経営を行うと見込まれること

④法人の場合には、業務を執行する役員等のうち一人以上の者がその法人の行う耕作又は養畜の事業に常時従事すると認められること

また、この計画によって農用地の売買や貸借をする場合には、農地法第三条の許可を受ける必要はなく、従って、下限面積制限の適用はありません。

これは、利用権設定等促進事業は、市町村が主体となって、関係農業者の意向を尊重しながら農用地の有効利用と担い手の農業経営の規模拡大を図るために行うものだからです。このような取り組みを円滑に進めるためには、農用地の受け手の要件としては、法律上の要件で十分であり、それ以上に画一的な要件を定めることは適当でなく、あえて農地法上の下限面積に満たない者による権利取得を禁止していないのです。

このため、例えば、担い手の規模拡大や農用地の集団化のために農用地を提供した小規模な農家が代替地を取得しようとするような場合にも、その取得が例外的に認められるのです。

《100》亡父が借りていた賃借地の返還手続きは

❓ 父は生前、農地を賃貸借により耕作していました。遺族は、私と弟の二人だけです。亡父が借りていた賃借地を所有者に返還するには、農地法上どのような手続きが必要で

しょうか。

！　一般的に、相続においては、被相続人（死亡した者）の財産に属する権利義務のうち、被相続人の一身専属的なもの（身元保証人の義務など）を除いて、一切のものを受け継ぐこととなります（民法第八九六条）。この場合、相続人が数人いれば、共同相続人の共有となり、相続人は協議して相続財産を分割することができます（民法第八九八、第九〇七条）。

　相続による農地の権利の取得は、農地法の許可を要しませんので、相続人が二人とも耕作できない場合であっても、農地の権利を取得することとなります。

　一方、農地法では、賃借権に基づく賃借地を返還する場合は、原則として、あらかじめ都道府県知事の許可を受ける必要があり（農地法第一八条）、相続した賃借権の場合も例外ではありません。

　したがって、あなたが賃借地を返還する場合にも、知事の許可を受けた上で、所有者に解約の申し入れを行うか、または所有者と賃借人であるあなた方の間で合意解約を行うかのいずれかとなります。この合意解約の場合は、農地等の引渡期限の六か月以内に成立したことが書面で明らかであるものについて行われる場合には知事の許可は必要ありません。（ただし、農業委員会にその旨通知する必要があります）

　許可申請書は、解約による申し入れ等を行おうとする日の三か月前までに、農業委員会に提出する必要があります。知事には、農業委員会を経由して提出されます。あなたの場合、弟さんとの分割協議が整っていないのであれば、申請はあなたと弟さんの連名で行うことになります。

　なお、期間の定めのある賃貸借の場合、解約権が留保されているものでなければ、一方的な解約の申し入れはできません。

《101》一筆の土地のうち農地部分の貸し付け、売却は

? 私の所有する農地で、昔から一筆で農地の部分と山林に分かれている土地があります。この農地部分のみを近所の担い手農家に農用地利用集積計画で貸し付けたいのですがそのままで貸し付けることができるでしょうか。

また、担い手農家が買い受けを希望するなら売りたいとも考えておりますが、その場合はどうでしょうか。

! 一般的に登記簿上の地目は、田や宅地など一筆ごとに決まっています。しかし、ご相談のように何らかの経緯で一筆でも実際は複数の地目になっている例も少なからず見受けられます（畦畔部分は付属地として原則として農地に含まれます）。

農地の貸借に当たっては、後々賃貸人と賃借人の間で問題が生じないよう、その対象である農地の所在、面積などが明確であることが重要です。したがって、農地について貸借や売買をする場合、一筆の土地に二つの地目があるときは、当該土地を地目ごとにそれぞれ分けて登記（分筆といいます）してから契約などの手続きをするのが一般的です。

しかし、土地の分筆登記には測量や司法書士などの経費がかかることから、ご相談のようにそのまま貸し付けたいという方もいらっしゃいます。

このため、農地制度上、農地法第三条の許可や農用地利用集積計画では、一筆の土地の一部を貸し付けることも認めています。

具体的には、許可申請書や農用地利用集積計画には、「字△△○○番地の一部○○㎡」などと記入し、当該農地部分を明らかにした図面を添付して申請などを行うことが運用上行われています。

売買の場合は、所有権移転登記をしなければ第三者に対抗できませんので、買い手から売買に先立って当該農地部分を分筆するよう求められることになりますから、貸借のような取り扱いは難しいと思います。

《102》所有者に判断能力のない農地の貸借

?

このたび、農地を借りるため、貸付を希望する方と双方で農業委員会に相談したところ、この農地の名義は貸付希望者の父名義になっているとのことでした。貸付希望者に聞いたところ、所有者である父は以前から施設に入所しており、最近は認知症が進み物事の判断ができなくなって本人からの同意を得ることはできないとのことでした。このような場合、農地の貸付希望者である息子さんを貸し手として、農地を借りることはできないでしょうか。

!

結論から言えば、息子さんは農地の権利を持っていないので、息子さんを貸し手として農地を借りることはできません。また、息子さんを代理人とすることについても、本人に意思能力が欠けているとみられるためできません。

農地を借りる手段として一般的な、農用地利用集積計画を作成することも考えられますが、意思能力が欠けているため、所有権者である父からの同意を得ることもできないので、この方法によることもできません。

このような場合の対応として、認知症等により意思能力が十分でない者を保護する成年後見制度があります。

これは、財産の管理・処分や契約締結等に当たって、意思能力が十分でないことにより不利益を被らないよう、後見人等が本人の行為について代理したり、同意や取り消しを行うものです。後見人等は配偶者や親族等の請求により家庭裁判所が選任（法定後見制度）しますが、本人の判断能力の程度により、後見（法律行為を後見人が代理）、保佐（法律行為に保佐人の同意が必要）、補助（一部の法律行為に補助人の同意が必要）の三種類があります。本件には適用できませんが、本人があらかじめ代理人を選んでおく任意後見制度もあります。

本件では、後見人の選任が適切と考えられますが、息子さん等の親族が家庭裁判所に後見開始の審判の請求をする必要があります。この場合、息子さん自身が後見人になることも可能ですが、家庭裁判所の判断により弁護士等の専門家が選任されることもあります。

四　相続・贈与関係

《103》借主が死亡した場合、耕作権は相続されるか

？

現在、私は所有地一・五ヘクタール、借り受けている農地四〇アールを耕作しております。昨秋、父が死亡し、五人の兄弟姉妹が相続しましたが、長男である私が跡を取り耕作しております。

ところが、貸主の一人から、農地は父に貸したものであり、父が死亡したから返してほしいと要求されました。私としては、借り受けている農地を全部返すことになれば、経営面積も小さくなり農業だけでは生活できなくなります。このような場合、私は貸主の要求を入れて借り受けている農地を返さなければならないでしょうか。

！

一般的に、相続が開始されたときは、被相続人（死亡した人）の財産に属した権利義務は、一身専属的なものを除いて、そのすべてを相続人が承継することになっています（民法第八九六条）。この場合、相続人が数人あるときは、その相続人は相続分に応じて承継することになり、相続財産は相続人の共有に属することになりますが、相続人はその協議によって相続財産を分割し、各相続人が特定の財産を相続することができます（民法第八九八条、第八九九条、第九〇七条）。

この財産に属する権利義務とは、具体的な権利義務に限らず、契約上の地位や財産的な法律上の地位なども含むものと解されており、農地の賃借権もこの財産に属する権利義務として賃借人の死亡によってその相続人が承継することになりますので、賃借人が死亡したからといって、そこで賃貸借関係が終了するわけでなく、相続人との間で従前どおりの賃貸借関係が継続しています。

農地の貸借関係が使用貸借である場合には、民法では、使用貸借はその借り主の死亡によってその効力を失う旨の規定（第五九九条）がありますので、借主が死亡した場合には相続人には耕作権がありませ

ん。

ご質問では、あなたのお父さんが借り受けて耕作している農地の貸借関係が賃貸借（借賃を支払う約束で借りているもの）か、使用貸借（無償で借りているもの）かが明らかでありません。もし、その貸借関係が賃貸借である場合には、お父さんの死亡によってあなたをはじめ相続人がその耕作権を相続しています。したがって、賃貸人は、賃借人が死亡したからといってそのことを理由に農地の返還を要求することはできません。もし、その貸借関係が使用貸借である場合には、お父さんの死亡の時に貸借関係は終了しておりますので、貸主から農地の返還を要求されたときは、返還すべきであると考えます。

《104》相続分・遺留分と遺産分割、相続登記の方法、父の後妻の相続権

?

1　相続権についてその内容を説明して下さい。

私の「きょうだい」は、姉と私と弟の三人ですが、かなり前に父が死亡した時には、母はすでに死亡しており、義母（父の後妻）がおりました。当時は、家族の間に何の紛争もなかったので、遺産をどうするかの話し合いもせず、農地の登記名義も父のままにしておいて、私が引きつづいて耕作してきました。

義母も今年はじめに死亡しましたので、これから相続登記をしようと思いますが、どういう手続きをしたらよいのでしょうか。なお、義母には、子はなく、その父母もすでに死亡し、弟が一人おりましたが、それも死亡して、弟の子が二人いるとのことです。

!

1　ご質問に答えるには、やや回り道のようですが、始めに念のために相続についての法律の根本原則（民法の相続編の規定の概要）を説明します。

①相続人の顔ぶれと順番

死亡した人（被相続人という）との間において、どういう親族関係にあった人が、どういう順番で相続

人となるのかが、次のように法律によって決められています。

(i)被相続人の配偶者（夫が死亡したら妻、妻が死亡したら夫）は、常に相続人となります（民法第八九〇条）。

(ii)被相続人の子は、相続人となります。子が二人以上いれば全部が相続人になります。子が親より先に死亡している場合には、子の子（被相続人の孫）が、子に代って相続人となります。これを代襲相続といいます（民法第八八七条）。すなわち、子（またはその代襲者）は、第一順位の相続人です（他の家に嫁に行ったり、養子に行ったり、氏が変わっていてもそうなります）。

(iii)被相続人の親は（父母ともに生存していれば二人とも）、被相続人に子もその代襲者も、一人もいない場合に、相続人となります。すなわち、親は第二順位の相続人です（民法第八八九条第一項）。

(iv)被相続人の兄弟姉妹は、被相続人に、子（およびその代襲者）がなく、親もないという場合に、相続人となります（兄弟姉妹が二人以上いれば、みんな相続人となる）。被相続人と氏が違っていても相続人となる）。もし、兄弟姉妹が、被相続人よりも先に死亡していれば、その子（被相続人のオイ・メイ）が（二人以上いればみんなが）兄弟姉妹を代襲して相続人となります（民法第八八九条第一項、第二項）。

相続人の顔ぶれ		法定相続分
①配偶者と子	配偶者	1／2
	子	1／2
②配偶者と親	配偶者	2／3
	親	1／3
③配偶者と兄弟姉妹	配偶者	3／4
	兄弟姉妹	1／4

注：子とあるのは、その代襲者を含む。兄弟姉妹についても同様。

②相続財産＝遺産の共有と相続分

相続人となる人の顔ぶれと順位が、法律で以上のように決められているので、多くの場合には、相続人は複数となります（例、妻と三人の子というように）。その場合には、遺産（相続財産）のすべてが、被相続人死亡の瞬間から（相続の開始という）、とりあえず、相続人たちの共有ということになります（このことは、登記簿の所有名義とは関係ありません、民法第八八二条、第八九八条、第八九九条）。もっとも、仏壇・仏像・位牌・お墓のようなもの（祭祀財産）は、「祖先の祭祀を主宰すべき者」が一人で承継します（民法第八九七条）。

(i)このように、相続財産・遺産が、相続人たちの共有となりますので、各人の権利（持分）の割合（相続分という）を決めなければなりません。相続分は、被相続人の遺言による指定がない限り、法律で定められた通りになります（法定相続分、民法第九〇〇条）。

配偶者の法定相続分は、最も少ない場合、すなわち子と共に相続人となる場合でも、二分の一になります。

子が二人以上いる場合には、みんな平等の割合となります（均分相続の原則）。ですから、配偶者と子三人が相続人であるとすれば、子一人ずつでは $1/2 \times 1/3 = 1/6$ ですから六分の一となります。親や兄弟姉妹についても、それが二人以上いる場合には、一人当たりは、親の分や兄弟姉妹の分を均分するわけです。もっとも、兄弟姉妹のうちで、父母の一方のみを同じくする者（半血のもの）は、父母の双方を同じくする者の、二分の一です。

(ii)法定相続分は以上の通りですが、ある人の死亡によって開始した相続について、ある相続人の相続分を具体的に算定する段階になると、すべてが法定相続分の通りに画一的に決められるわけではないことに注意して下さい。すなわち、次のようになります。

㋑もし、被相続人が、遺言で（《119》参照）、相続分の指定をしていた場合なら、それによって、他の相続人の遺留分が侵害されることになり、その者は侵害された遺留分に相当する金額を請求できることになります。なお、遺言による相続分の指定は、多くの場合、遺産分割方法の指定と併わせてなされることになるでしょう。

㋺もし、相続人の中で、分家・独立・婚姻などの際に財産を分けてもらっている者（生前贈与を受けた者・特別受益者）がいる場合には、その者の相続分は少なくなり、場合によってはゼロになります（民法第九〇三条、第九〇四条、詳しくは《109》参照）。したがって、生前贈与・特別受益によって、相続分が存在しなくなっている相続人が、そのことを証明する「特別受益証明書」（「相続分不存在証明書」）を書いてくれれば（実印を押し、印鑑証明書も必要）、その者を除いて、他の相続人だけで相続登記ができます。

㋩もし、後継者に「寄与分」が認められる場合には、「寄与分」が認められる相続人の相続分は多くなります（民法第九〇四条の二）。

③遺留分

子、配偶者および親について、認められているところの最低限度の相続権、すなわち遺留分の効力や計算については、一三九頁の表のようになります。

④遺産（相続財産）の分割

相続の開始、すなわち被相続人の死亡の瞬間から、遺産・相続財産に属する財産は、すべてが、自動的に、相続人たちによって相続分に応じて共有されることになります（民法第八八二条、第八九六条、第八九八条、第八九九条）。したがって、たとえば、この住宅も、この農地も、あの山林も、すべて共有ということになり、これらの財産の一部でも売却したり担保に入れたりするには、相続人全員の同意がなければなりませんから譲渡や抵当権設定の登記をするには相続人全員のハンコ（実印）が必要になります。

このように、いつまでも共有では、何かと不便が多いので、「遺産の分割」をして、この農地は長男の、この住宅は配偶者の、あの山林は次男の、というような、それぞれの財産についての単独所有者を決定する必要があります。遺産分割の方法（手続き）は、次のうちのどれかによることになります。

㋑被相続人の遺言による指定（民法第九〇八条）。

被相続人は、遺言を書いておいて（《119》参照）、たとえば、具体的に、どこどこの農地（一筆ごとに地番・地目・地積を、誤記のないように明記することが望ましい）は長男太郎が相続せよ、というように遺産分割のやり方を具体的に指定しておくことができます。こういう遺言状があれば、それで指定された者だけで相続登記の申請ができます。

㋺被相続人の遺言による指定がない場合（または指定からもれている財産については）、相続人全員の協議（話し合い）で、遺産を分割します（民法第九〇七条第一項）。この協議が成立したら、その結果の通りに相続登記をするために、遅滞なく、具体的にどの財産（一筆ごとに地番・地目・地積を明記）を誰が受けるのかを明記した遺産分割協議書を作成し、全員が実印を押しておく（印鑑証明書も必要）ことが必要です。こういう遺産分割協議書があれば、この協議書で、ある特定の不動産を取得すると決められた者だけで、その不動産の相続登記を申請することができます。

㋩協議が成り立たないときには、家庭裁判所の調停によって分割することになります（民法第九〇七条第二項、家事事件手続法第二五五条）。

㋥調停が成立しないときには、相続人のうちの誰かが、家庭裁判所に審判を申し立てれば、審判によって遺産分割が行われることになります（民法第九〇七条第二項、家事事件手続法第二八四条）。

ところで、各相続人が、遺産分割によって取得する財産の価格は、原則的な建前としては、各相続人の相続分（遺言による指定や、特別受益や、「寄与分」を考慮した上で定まる具体的な相続分）に対応していなければならないわけです。しかし、具体的には、正確にそのようにしなければならないのは審判による分割の場合だけで、協議による分割または調停による分割では、全員が納得している限り、相続分に対応しない分割も完全に有効です（極端な場合は、ある相続人の取得財産がゼロまたはそれに近くてもよい）。被相続人の遺言による分割指定の場合にも、各相続人の相続分に対応している必要はありません（ただ、遺留分に満たない者が出て来る場合には、その相続人が、遺留分に相当する金銭を請求をすることがあります）。

また、遺産分割で農地を取得する場合には、農地法上の許可は不要です（農地法第三条第一項第一二号）。

相続人の顔ぶれ		遺　留　分
①配偶者と子	配偶者	1／2×1／2＝1／4
	子	1／2×1／2＝1／4
②配偶者と親	配偶者	1／2×2／3＝1／3
	親	1／2×1／3＝1／6
③配偶者と兄弟姉妹	配偶者	1／2
	兄弟姉妹	0
配偶者のみ		1／2
子のみ		1／2
親のみ		1／3

注：⑴子が２人以上いる場合には、１人当りは上記の割合を、さらに法定相続分にしたがって分けたものになる。

また、単に子と表示したが、その代襲相続人を含む。

⑵両親ともにいる場合には、父母それぞれは上記の割合の１／２となる。

⑶根拠となる条文は、民法第1028条・第1044条である。


なお、遺産分割は農地法第三条第一項の許可は不要ですが同法第三条の三により、農地の存する市町村の農業委員会に届け出る必要があります。

２　以上が相続についての法律の概要ですが、これを御質問の内容に当てはめて回答します。

①あなたのお父さんの死亡によって開始した相続では、相続人は、子であるあなたがた三人と、配偶者であった義母とであったわけです。義母の法定相続分は、二分の一であったわけですが、この義母の相続分（持分）は、義母の死亡により開始した相続で、義母の弟の子である二人に相続されているわけです（あなたか、または姉弟が、義母と養子縁組をしていたのであれば、別ですが）。ですから、現在、お父さんの遺産であった財産は、あなた方「きょうだい」三人と、義母の弟の子二人の、計五人の共有になっているわけです。

②この遺産に属する農地について、あなたの単独名義の相続登記をするには、遺産分割方法指定の遺言がなかったものとして考えると、㋑五人の間で遺産分割をするか、または、㋺あなた以外の

者は、生前贈与・特別受益を受けているので、(具体的)相続分はないという証明書(特別受益証明書・相続分不存在証明書)を書いて(実印を押し印鑑証明書が必要)もらうか、する必要があります。もし、あなたの姉と弟だけが、特別受益証明書を書いてくれた場合には、あなたと義母の弟の子二人との三人の間で、遺産分割をすることが必要になります。

③なお、こういう質問をしているあなたの気持を推察すると、㋑お父さんが死亡してから一〇年以上(または二〇年以上)が経過している場合には、あるいは、あなたが引き続き耕作していた農地の所有権を時効により取得できるのではないのか、というご意見かもしれません(民法第一六二条)。また、㋺義母が死亡してから五年以上が経過している場合には(または二〇年以上経過したなら)、その間、相続分を持っていながら、農地についてのあなたの使用・管理を放任していた義母の弟の子は、いまさら、あなたに対して相続権を主張する権利がなくなっているのではないか、とお考えかもしれません(民法第八八四条・相続回復請求権の時効消滅)。

右の㋑または㋺の時効の完成も、全く考えられないわけではありませんけれども、そういう時効が完成したと判断することはかなりむずかしいようです(最高裁昭和四七・九・八判決民集二六巻七号一三四八頁、最高裁大法廷昭和五三・一二・二〇判決民集三二巻九号一六七四頁など参照)、仮に、時効が完成しているとしても、あなたの単独所有名義の登記をするためには、義母の弟の子が争う以上は、訴を起こして判決を取得せざるを得ないことになります。

《105》行方不明の父名義の農地を息子名義にしたい

?

甲の父は約二〇年前県外へ出稼ぎに出たまま、送金も音信も全然なくその住所も不明の状況です。出稼ぎ後は、長男である甲が家計および農業経営の一切の面倒をみており

ます。甲に名義をかえてやるにはどうしたらよいでしょうか。

! 不在者の生死が七年以上明らかでないときは、家庭裁判所は、利害関係人の請求によって失踪の宣告をすることができ、この失踪宣告があったときは、失踪の宣告を受けた者は生死不明になったときから七年の期間が満了したときに死亡したものとみなされます（民法第三〇条、第三一条）。甲は利害関係人としてこの失踪宣告の請求ができ、失踪宣告がされれば、相続によって農地など一切の財産の名義をかえることができます。もっとも、甲以外にも相続人があるときは、共同相続となり、他の相続人が相続放棄をしない限り、遺産分割の協議が必要となります。

失踪宣告の請求の手続きについては家庭裁判所にご相談下さい。

《106》共同相続農地を共同相続人が共同耕作できるか

? 昨年父が死亡し、三人の兄弟で七〇アールほどの農地を共同相続しました。三人で話し合ったところ、共同耕作をしていこうということになりました。農地法第三条との関係では、このような共同耕作は可能でしょうか。なお、この農地は、父の所有地でした。

! 農地の所有権を移転するには、農業委員会または知事の許可が必要であり、この許可を受けないでした所有権の移転は無効とされています（農地法第三条第一項、第六項）。この許可を受けるべき所有権の移転は、売買、贈与等当事者の所有権移転に関する法律行為に基づいてなされる場合です。相続は、所有者の死亡という事実の発生によって法律上の効果としてその相続人が所有権を取得するものですから、右の許可を要しません。

なお、相続は農地法第三条第一項の許可は不要ですが、同法第三条の三により、農地の存する市町村の農業委員会に届け出る必要があります。

おたずねの場合には、父の所有地を三人が共同相続した結果、その所有地は三人の共有状態にありますので、その相続人三人が共同耕作することになったとしても農地法上の許可を要するかどうかの問題は生じません。

《107》相続人の一人が行方不明の場合

?

私の末弟は、父との仲が非常に悪く、素行も悪く、一〇年ほど前に、家をとび出して行方不明です。二年ほど前に、たしかに、弟に会ったという友人もいますので、生きているとは思いますが、どうしてもどこに居るのかは分かりません。最近父が死亡し、遺産の分割について、ほかの弟妹とは、話がついたのですが、この末弟を除いて遺産分割協議書を作成しても、農地を私の名義で登記することができるでしょうか。

!

行方不明の弟さんも、生存している限りは、お父さんの相続人ですから、この弟さんを除外して、遺産分割協議書を作成しても、完全な効力が生じませんし、したがってこれを添付しても、相続登記を申請できないわけです。

そこで、とるべき方法としては、まずあなたとその他の相続人が、家庭裁判所（弟さんの、わかっている最後の住所地の）へ、不在者の財産管理人の選任を申立て（民法第二五条、家事事件手続規則第三七条以下）適当な人を（この場合は、あなた自身はなれません）、弟さんの財産の管理人に選任してもらいます。この財産管理人が、いわば弟さんの代理人として、あなたがたと、遺産分割について協議することになりますが、遺産分割は、一種の処分行為となりますから、さらに、財産管理人が処分行為をすることの許可を、家庭裁判所で受ける必要があります（民法第二八条）。この許可を受けさえすれば、財産管理人が弟さんに代わって、ごくわずかの遺産を名目的にもらうだけの遺産分割協議に同意したり、さらに相続放棄をすることも、さしつかえないわけです。

なお、相続人となるはずの人に、この質問のような者がいる場合、予防的に、お父さんが生きている間に何か手をうっておくとすれば、遺言によって遺産分割方法を、具体的に指定しておくこと（民法第九〇八条、《119》参照）が考えられます。そうしておけば、この遺言によって（不在者の財産管理人を選任しないでも）、相続登記をすることができます。

《108》相続未登記で相続人が不明の農地を貸し付けるには

？

私が耕作している農地の登記簿名義は、亡くなった祖父の名義のままになっています。

私は兼業で仕事が忙しく手が回らないので農地を貸そうと思い農業委員会に相談したところ、相続人全員の同意が必要だと言われました。

私の父母はすでに死亡し、相続人は私と弟の2人です。父には兄が2人いましたが、長兄は海外に移住し音信が途絶え、次兄は死亡してその相続人の居所も分かりませんので、それらの者の同意を得ることは難しいと思います。

何とか貸し付ける方法はないでしょうか。

！

ご相談の農地は、遺産分割および相続登記がなされていないため、相続人（相続人が死亡している場合はその相続人）の共有の状態になっているものと思われます。農業経営基盤強化促進法では、持ち分の過半を有する共有者が不明の場合、農業委員会が探索し、その結果をもっても過半の持ち分をもつ者を確認できないときは、その旨の公示を経て農地中間管理機構に貸すことが可能となっています。貸付期間は二〇年以内です。

また、過半の同意による貸付制度もありますので、ご相談の内容では分かりかねる部分もありますが、仮に共有者の過半の同意が得られるのであればこれを利用してもよいでしょう。

《109》農家出身の会社員と農地の相続権

？ 私は、農家の次男で現在は東京の会社に勤めています。兄は農業を承継するつもりで農業高校卒業後すでに二〇年間父母とともに農業に従事して来ました。妹は、公務員に嫁ぎ父と同じ町に住んでいます。郷里の父が死亡した場合、私や妹も、農地の相続ができるのでしょうか。相続できるとしたら、権利の割合はどの程度ですか。

！ ①民法によると、相続人は、第一に、被相続人（死亡した人）の子、第二に、被相続人の親、第三に、被相続人の兄弟姉妹、となり、また、被相続人の配偶者は必ず相続人となります（民法第八八七条、第八八九条、第八九〇条）。ですから、あなたがたの場合、お父さんが死亡されると、被相続人の子である、あなたがた三人と、被相続人の配偶者である、お母さん、の四人が相続人となります。これらの相続人の権利の割合を、相続分とよびますが、相続分は、被相続人（お父さん）が遺言書を書かないで死亡した場合には、民法で次のように定められています（法定相続分という、民法第九〇〇条）。すなわち、被相続人の子たち全員の分が、遺産全体の二分の一で、子の一人当たりは頭割り均分ですので、あなたの場合は、1/2×1/3で六分の一となります。被相続人の配偶者（お母さん）の分は、遺産全体の二分の一となります。

②ところで、大事なことは、お父さんの遺産を、機械的に法定相続分の通りに分けろ、という権利があるわけではないことです。お父さんが生きている間に、あなたや妹さんが、学費・嫁入り支度・宅地・住宅・それらの購入資金等の生前贈与を受けている場合には、これらを計算に入れた上で、最終的な相続分が決まることに注意して下さい（民法第九〇三条）。たとえば、現実に残された遺産額が一二〇〇

万円、あなたと妹さんにそれぞれ三〇〇万円の生前贈与（特別受益）があったとすると、次のような計算になります。

現実の遺産 1,200万円 ＋ 生前贈与 600万円 ＝1,800万円（みなし遺産）

母………1,800万円×1／2＝900万円
兄………1,800万円×1／2×1／3＝300万円
あなた…1,800万円×1／2×1／3＝300万円－300万円＝0万円
妹………1,800万円×1／2×1／3＝300万円－300万円＝0万円

このように、お父さんの死亡に際して、最終的に認められる相続分は、右のアンダー・ラインを引いた金額となり（あなたと妹さんはゼロとなる）、これで、生前贈与を受けた人と受けない人のバランスがとれるわけです。

また、兄さんに「寄与分」が認められるべき場合（民法第九〇四条の二）も多いと思います（《121》参照）。

③それでは、あなたは相続分額（右の設例で、生前贈与なき場合は三〇〇万円）に相当する農地を取得することができるでしょうか。民法は、なるべくならば、農地は農業をやるお兄さんに承継させ、あなたや妹さんは、山林やカネをもらうとか、あるいは兄さんが全部の農地を承継するかわりに、あなたや妹さんには、あなたがたの相続分を年賦で償還する、というような形で遺産の分割がなされることを希望しているといってよいと思います（民法第九〇六条、家事事件手続規則第一〇二条）。しかし、あなたや妹さんが、どうしても相続分だけの農地を欲しい、というのであれば、農地を取得することもできます。相続人が、遺産の分割によって農地を取得する場合には、農業委員会の許可をうける必要もありません（農地法第三条第一項第一二号）。しかし、これは、とにかく農地の所有権を取得する段階までのことで、その取得した農地の管理、利用、処分については、農地法の制限に従わなければなりません。これについては、後の《112》の問答を必ず読んで下さい。

なお、お父さんのお持ちの権利が、所有権ではなく耕作権である場合も（無償で借りている場合を除

き）、原則として以上と同じことになります。

《110》相続人がいない場合、特別縁故者への遺産分与

？ 私が賃借している農地の所有者は、子がなく妻に先立たれた老人です。この人には兄弟姉妹もいないらしく、まったく孤独のようです。三年ぐらい前から病気がちで身の回りのことも不自由になったので、私と妻が、見るに見かねて、ちょいちょいめんどうを見に行ったり看病したりしていましたが、ついに亡くなり、葬式も私が喪主として出しました。この農地は、一体、誰のものになるのでしょうか。なお、遺言状は見当たりませんが、生前、私たち夫婦に向かって、「永いこと耕作していたのだし、世話にもなったので、あとはお前の自由にしてくれ」と言われたことは、往診に来たお医者さんも聞いております。

！ 相続人のいることが明確でない場合には、相続財産が一種の法人として取扱われ（民法第九五一条）、利害関係人（あなたもこれに入ります。）または検察官から、家庭裁判所に申立て相続財産管理人を選任してもらうことになります（民法第九五二条）。そして、官報に公告が三回にわたってなされますが（民法第九五二条第二項、第九五七条、第九五八条、家事事件手続規則第一〇九条）、それでも相続人が現れないときは、遺産は、いわば凍結され、それ以後になって相続人が現れても権利行使ができなくなります（民法第九五八条の二）。

そして、第三回目の公告期間が満了した後三か月以内なら、死者（被相続人）と特別な縁故のあった者は、遺産の全部または一部を分与してくれるように、家庭裁判所に申し立てることができます（民法第九五八条の三、家事事件手続規則第一一〇条）。特別縁故者と認められるかどうか、どの程度の分与が認められるかは、家庭裁判所の判断によるわけですが、あなたの場合も、一応この申立をしてみることができます。なお、特別縁故者として、遺産分与を

受けた者には、遺贈を受けた者と同様に、相続税が課せられることになります（贈与税または所得税ではない――相続税法第四条）。

ところであなたが、特別縁故者と認められなかった場合（または家庭裁判所に遺産分与の申立てをしなかった場合）には、遺産は国庫に帰属してしまうことになります（民法第九五九条）。この場合、あなたの耕作権が国に対抗できるかどうかですが、あなたがその農地の引渡しを受けており（農地法第一六条）、かつ借賃を相続財産管理人に支払っていれば、国に対抗できるものと考えてよいでしょう。

《111》農地の所有者が行方不明または生死不明の場合

?

私には、母が違う兄が一人おりますが、その兄には子はなく、五年前に妻と別れて、どこかへ行ってしまいました。兄が所有する農地は、現在、一部は以前から賃借していた者が引続き耕作し、一部は耕作放棄の状態です。この農地の管理はどうすればよいのですか。また、兄に会ったという人もいないので、あるいは死んでいるのではないかとも思いますが、死亡が確認されてはいません。もし、死亡しているとすれば、私にも相続権があるのでしょうか。

!

①兄さんは、民法でいう「不在者」ということになり、その農地の管理については、「利害関係人」または検察官から、家庭裁判所に申立て、「財産管理人」を選任してもらうことができます（民法第二五条、家事事件手続規則第三七条以下）。あなたも、この請求ができる利害関係人です（後述の通り、あなたは、兄さんの相続人となる資格があるからです）。また、兄さんの土地の賃借人も、やはり利害関係人の一人です。そこで、たとえば、あなたから家庭裁判所に申立て、財産管理人が選任され（あなた自身が財産管理人に選任される場合もあり得る）ますと、その財産管理人が、財産目録を作り、農地の賃借人から借賃を受領したり、農地を新しく

貸しに出したり、税金を納めたりするような管理に必要な行為をすることになります。しかし、その農地を売却したり、担保に入れたり、宅地に転用するような処分行為をする場合には、そのことについてさらに家庭裁判所の許可をうけることが必要です（民法第二八条）。

②兄さんは、あるいは死亡しているのではないかということですが、死亡が確認できない場合でも、不在者の生死不明の期間が七年以上となりますと、家庭裁判所（わかっている最後の住所地の）で「失踪宣告」をしてもらうことができます（民法第三〇条、家事事件手続規則第三七条、第八八条、第八九条以下）。失踪宣告がなされると、兄さんは、生死不明となってから七年を経過した日に死亡したものとみなされます（民法第三一条）から、相続人として相続することができます。ご質問の場合は、被相続人（お兄さん）には、第一順位相続人である子はなく、第二順位相続人である父または母（兄さんの実母）も、すでに死亡しているとしますと、結局、第三順位の相続人である兄弟姉妹のあなたが相続することになります（民法第八八七条、第八八九条）。また、兄は妻とも「別れて」とありますが、もし法律上正式に離婚をしていないで、ただ、別居・蒸発をしてしまっただけの場合は、まだ法律上は配偶者がいることになりますから、この人にも相続権があることになります（民法第八九〇条、相続分は、あなたが四分の一、配偶者が四分の三――民法第九〇〇条第三号）。なお、兄さんには「子がいない」ということですが、はじめからいないのではなく、すでに死亡したのであり、もしその子に子（兄さんの孫）がいる場合には、その孫が第一順位の相続人となりますから（代襲相続・民法第八八七条第二項）、あなたには相続権がないことになってしまいます。

ところで、家庭裁判所に失踪宣告の申立てをする者は、利害関係人です。ここでいう利害関係人には、推定相続人（その失踪宣告によって最先順位で相続できる人）・配偶者・不在者財産管理人・生命保険金受取人等は入りますが、農地の賃借人は入るかどうか疑問です。

なお、沈没した船舶に乗っていた者等については、生死不明期間が一年以上で、失踪宣告の申立てができます（危難失踪・民法第三〇条第二項）。

《112》会社員が相続した農地の管理

？　私は、東京で会社に勤めていますが、最近、郷里の父が死亡し、農地を相続しました。実は、農業をやっている兄は、はじめは農地を分けることに反対でしたが、遺産といっても農地のほかにはほとんどないし、兄も兼業農家なので、結局、私に三〇アール、郷里の町で公務員の妻となっている妹に二〇アール、を分けることで遺産分割の協議がまとまりました。私の郷里は、今のところは、まあ普通の農村ですが、隣市の発展にともなって、合併、工場誘置等の計画もあるようなので、私の相続した農地も、いずれは転用して貸家でも建てようかと思います。その時まで、この農地を、どのように管理したらよいでしょうか。兄なり、誰か他人に貸しておくこともできるのでしょうか。

！　あなたや妹さんが遺産分割によって、農地を取得するについては、農業委員会の許可を受ける必要はありません（農地法第三条第一項第一二号。ただし、同法第三条の三の届出が必要）。

そして、農地法第三条の許可を受けるか又は農業経営基盤強化促進法の農用地利用集積計画によって貸すことができます。

このほか、次のようなことが考えられます。

イ　お兄さんないし郷里の農家と「農地所有適格法人」（農地法第二条第三項）を設立して、あなたもその構成員となって、その農地所有適格法人にその農地を賃貸するか、すでに設立されている農地所有適格法人に加入して構成員となり、その農地所有適格法人にその農地を賃貸する方法

ロ　「農地中間管理機構」に貸し付ける方法――そして農地中間管理機構から、転貸してもらってもよい。

また、その農地をいま転用してしまうことはどう

かというと、これには都道府県知事等の許可が必要です（農地法第四条、第五条）。

次に妹さんの相続した農地については、あなたについて認められるような方法によって管理・所有することができますし、農協の地区内に住んでいれば、農協の組合員（準組合員）となることもできるでしょうし（農協法第一二条第一項第二号）、そうすれば、農協に経営委託したり、農地信託に出したり、また、その農協が農業経営の事業を行っていれば使用貸借又賃貸借をすることもできます。

ところで、郷里の農地のあるところが、都市計画法の「市街化区域」である場合には、転用する場合に、知事の許可は不要となり、あらかじめ市町村農業委員会に届出るだけでよくなります（農地法第四条第一項第八号、第五条第一項第七号、農地法施行令第三条、第一〇条）。

《113》下限面積未満の耕作者には農地を贈与できないか

？ **私は、少しばかりの農地を耕作しております。老齢になったことでもあり、その農地の一部を分家している私の弟に贈与しようと思います。しかし、その弟は、現在二〇《アール》しか耕作しておりません。私が贈与する農地を合わせても、下限面積に達しません。このような場合、農地の贈与は認められないのでしょうか。もし駄目な場合、遺言でやることはできないでしょうか。**

！ 農地の所有権を移動する場合には、農業委員会の許可を受けることが必要であり、この許可を受けないでした所有権の移転は無効とされています（農地法第三条第一項、第六項）。この許可については、法律で許可基準が定められており、農地を取得しようとする者が取得した後における経営面積が北海道では二ヘクタール、都府県では五〇アール（農業委員会が農林水産省令で定める基準に従い、これに代わるべき面積を定めて公示したときは、その面積）に達しない場合（草花栽培等の集約経営が行われる場合等はその面積未満でもよい。）は、許可できないこととされています（同条第二項第五号）。

ところで、この所有権移転に対する許可は、売買に限らず、贈与による場合も当然必要です。したがって、農地の贈与を受けた結果、受贈者の経営面積が右の下限面積以上とならない場合には許可されません。

次に、遺言によって農地の所有権を移転する（通常遺贈という）には、特定遺贈と包括遺贈との二つの方法があります。特定遺贈とは、遺言で具体的な農地を定めて遺贈することをいい、包括遺贈とは、具体的な農地を定めず、遺産の何分の一というように遺産に対する割合を定めて遺贈することをいいます。この両者のうち包括遺贈及び相続人に対する特定遺贈については、許可を要しないこととされておりますが、相続人以外に対する特定遺贈については許可を要することとされています。（農地法施行規則第一五条第五号）。したがって、弟が相続人である場合の特定遺贈には、許可を要しませんが相続人以外であれば、生前の贈与と同様に下限面積未満の場合には認められないと考えられます。

なお、包括遺贈及び相続人に対する特定遺贈は、農地法の許可は不要ですが、同法第三条の三により、農地のある市町村の農業委員会に届け出る必要があります。

《114》贈与契約発効前に贈与者が死亡した場合

?　甲は老齢であるためその所有する農地を息子の妻である乙に贈与することとして、農地法第三条の許可申請書を農業委員会に提出中に死亡しました。このような場合、農地は甲の相続人丙が相続するのでしょうか。もし、相続人の中に乙への贈与に反対するものがいた場合には贈与はどうなるのでしょうか。また、農業委員会としては、許可申請を今後どう処理していくのが正しいでしょうか。

❗ 一般的に、相続が行われた場合には、相続人は、被相続人の一身に専属したものを除き、被相続人の財産に属した一切の権利義務を承継することとなります（民法第八九六条）。したがって、農地の贈与契約がなされ、その効力発生前に贈与者が死亡した場合には、その農地は相続財産としてその相続人が相続しますが、同時にその相続人は贈与契約上の地位も承継します。相続人は、贈与契約を履行する義務を負うことになりますから、相続人が贈与契約を履行しない場合には、受贈者はその相続人を相手に、贈与契約の履行請求の訴を提起して、その勝訴確定判決により履行を求めることができます。

また、農地法の許可申請中に贈与者が死亡した場合には、その相続人が農地法上の許可申請者の地位も承継し、許可申請はそのまま有効に存続していると解されます。

したがって、ご質問の場合には、甲の死亡によりその相続人丙は、甲の贈与すべき農地とこれを乙に贈与すべき義務を同時に相続し、また、農地法の許可申請者の地位も承継したことになります。

農業委員会としては、甲乙間の贈与に基づく農地の所有権移転の許可申請は甲の死亡により丙乙間の許可申請として存続することになりますので、そのまま丙、乙に対し許可、または不許可の処分をすればよいと考えます。なお、このような場合、農業委員会で死亡を知らない場合、相続人が誰であるか判明しない場合がありますから、申請者が死亡した場合には、その申請者の他方または相続人が、農業委員会に対し、戸籍謄本または相続を証する書面を添えて、相続の行われた旨を申告させるように指導することが望ましいと考えます。

《115》内縁の妻への農地の遺贈

❓ 内縁の妻が遺言により生前その内縁の夫とともに耕作していた所有地の遺贈を

受けました。この場合、農地法第三条の許可を受けなければいけないでしょうか。
また賃借地を遺贈された場合、所有者の承諾を受けなければ、信義違反となるでしょうか。

遺贈には包括遺贈と特定遺贈とがあります。

包括遺贈は、遺贈される財産が特定されておらず、遺言者の財産の全部または一部（何分の一というように抽象的な割合で示される）を贈与するというものであり、受遺者は相続人と同様の地位に立ちます（民法第九九〇条）。これに対し、特定遺贈は、遺言で贈与される財産が具体的に特定された遺贈であり、その法律上の効果は生前における贈与と特に異なることがありません。このようなことから農地法においては、これまで包括遺贈については、農地の権利移動の許可を適用除外とし、特定遺贈については、この許可を受けなければならないとしてきました。

しかし、特定遺贈のうち相続人に対するものは、遺産分割と異ならないという判決が出されたことに伴い平成二三年一二月に適用除外とされました（農地法施行規則第一五条第五号）。

ご質問の場合、包括遺贈か特定遺贈か明らかでありませんが、特定遺贈のうち相続人に対するもの以外の場合には農業委員会の許可を受けなければなりません。この許可申請は、遺言で指定された遺言執行者が行います。遺言執行者が指定されていない場合には、相続人が許可申請をするか、あるいは受遺者が家庭裁判所に遺言執行者の選任を請求し、家庭裁判所の選任した遺言執行者が許可申請を行うことになります（民法第一〇〇六条～第一〇一五条）。

次に、借受け農地の耕作権を遺贈する場合には、それが賃借権であるときは賃貸人の承諾を必要としますが、その承諾を受けないまま遺贈された場合に「信義に反する行為」に当たるかどうかについては、ご質問の場合、内縁関係にあった妻への遺贈という特殊事情もありますので、その具体的事情を勘案した上で判断すべきで一概に信義違反行為ということにはできません。すなわち、内縁の夫婦関係により、賃借人の生前には、受遺者もその世帯の一員としてこの農地の耕作に従事しており、夫の死後その生計を維持するためにもその農地を耕作する必要性も多いと考えられるので、受遺者が賃借人となることについて賃貸人の側に賃貸借を継続することを困難ならしめるような特段の事情がない限り、その遺贈を承諾するのが社会的常識であろうと考えられますから、その承諾を得ないで遺言が執行されたとしても、それをもって直ちに賃貸借の継続を困難ならしめるほどの信義違反行為に当たると認められないのが通常であろうと考えます。

《116》農地を経営承継人に贈与したい

？ **私は水田一・二《ヘクタール》、果樹園七〇《アール》を持つ老人です。子供二人のうち長男は病死し、次男は一五年ほど前に分家させました。長男の妻は数年前から農業を嫌って町に出てくらし、孫三人もつぎつぎに高校を卒業すると同時に大阪や東京に出てしまいました。そのため、分家した次男に耕作地全部を手伝ってもらっていますが、次男に耕地を譲るにはどうしたらよいでしょう。全部を登記するには相当な金がいりますから次男に賃貸したらとも考えていますが、どうでしょう。**

！ 遺産の相続にあたって従前の農業経営をなるべく共同相続人の一人が引き継いで担当することができるようにすることは、自立経営の育成や家族農業経営の細分化防止につながります。

ご質問の場合には、将来相続がおこると、相続人は次男および長男の子供三人となります（民法第九〇〇条及び第八八七条）。これらの推定相続人のうち農業経営を引き継いで行く適当な者に（あなたが次男を適当と考えられれば次男に）経営農地を一括して譲渡されるか、賃借権を設定されることはよいことと考えられます。

農地を譲渡したり、賃貸借するときは、農業委員会の許可が必要です（農地法第三条）。

推定相続人のうち農業経営承継人に対し経営農地および採草放牧地を一括贈与する場合には、これらの税金について特例措置が認められるようになっています。

まず贈与税ですが、農地等の贈与が、次の条件に該当する場合には、一般の例により課税されますが、その納税を贈与者の死亡時まで猶予することが認められます（租税特別措置法第七〇条の四）。

①贈与者が贈与前三年以上引き続き農業を営んでいること。

②贈与する農地等は、贈与者が農業に供している農地（貸借地はその耕作権）の全部および採草放牧地並びに準農地の各々の三分の二以上であること。

③贈与を受ける推定相続人は、年齢一八歳以上で贈与をうける前三年以上引き続き農業に従事しており、かつ、贈与を受けた後すみやかに農業を営むこと。

なお、右の贈与税の納税猶予は、贈与を受けた者が、農業経営を廃止したり、贈与を受けた農地等の二〇％を超えて譲渡、転用、貸付け、耕作放棄をした場合には、原則としてその納税猶予の措置が打ち切られ、猶予額の金額に利子税を付して納めることが必要になります。

また贈与を受けた農地の二〇％以内について譲渡、転用、貸付け等をした場合や、準農地を一〇年以内に農地等として農業の用に供しなかった場合には、原則としてこれら譲渡等をした農地等の価額に対応する贈与税に、利子税を付して納めることが必要になります（同法第七〇条の四）。

納税猶予が認められていた贈与税については、贈与者が死亡したときに、その納税猶予されていた贈与税は免除され、同時にその受贈農地等は相続によって取得したものとして相続税が課税されることになります（同法第七〇条の五）。つまり、贈与税の納税猶予は、贈与農地等を含めて贈与者が死亡したときに相続税を課税するのと同様の内容をもつものであり、この相続税については農地等の相続税の納税猶予制度の適用を受けることができることになっています。

不動産取得税については、生前一括贈与をした農地等についての不動産取得税の徴収猶予が認められ、贈与者または贈与を受けた者が死亡したときは、不動産取得税の納税義務は免除されます（地方税法附則第一二条）。
　また、この他、相続税と贈与税を一体化して取り扱う「相続税精算課税制度」が設けられています。
　これらの税金の特例措置を受けようとされる方は、その条件、手続き等の詳細をあらかじめ税務署、県税事務所、農業委員会等でよくお聞きになって下さい。

《117》私の所有農地は公図上他人の土地となっている

？

私は三〇年ほど前に父から農地（畑一、三二六平方メートル）の贈与を受け、耕作してきました。最近息子に贈与しようと思い、登記所で登記簿および公図を閲覧したところ、登記簿上は私名義のこの農地は公図上は乙が耕作しているように見うけられます。

そこで、私は乙に話をしましたら、乙はこの畑は甲から借り受けて耕作しており、甲に借賃を支払っているといいます。また、甲は昔からこの畑は自分の所有であり、登記の間違いであると主張します。

私としても、父から贈与を受けたとき公図と照合しないまま現在まできましたし、税金も支払ってきております。このような場合、私としてはどのような権利をもち、義務を負うことになるのでしょうか。

！

　この問題はその事実関係がどうであるかが決め手になる問題ですが、質問では具体的な事情が必ずしも明らかではないので、明確なお答えは困難です。
　あなたが父から農地（以下「A地」という）の贈与を受け耕作している農地はいったい何番地で誰の所有地でしょうか。あなたは、その土地を今日まで贈与を受けたA地と思って耕作され、そのことについて第三者からも何ら異議がなかったと思います。

それを具体的に何の根拠でA地でないと判断されるに至ったのでしょうか。あなたはおそらく登記所のいわゆる公図（旧土地台帳付属地図）の閲覧の結果そう判断されたと思いますが、公図には非常に古いものもあって、常に正確なものとは限りません。土地の所在を知るための一つの有力な資料であることは事実ですが、これだけで判定することには危険があります。また公図上の土地と現地とを結びつけることも相当むずかしいことです。

あなたが贈与を受けて登記してあるA地は、現在では乙が耕作しており、甲が自己の所有地であると主張しているということですが、甲は具体的には何番地の土地と思って所有しているのでしょうか。甲はその土地をA地と違った地番の土地（以下「B地」という）と思っており、B地は登記簿上、甲の所有名義になっているような場合も考えられます。このような場合には、公図を唯一のよりどころとして乙が耕作している土地をただちにA地であると断定することには問題があります。

もし、甲もその土地はA地であり、その登記名義があなたのものになっているが、こういう事情で自己の所有であって、あなた名義の登記が間違っているという主張であれば、これは同一の土地についての所有権の争いということになります。このような場合には、お互いの主張の当否によってきまることですが、同時に所有権の取得時効という問題が生じてくる余地があるように考えられます。民法では、他人の土地を占有した者がその土地の所有権を取得します。この期間は、その占有者が占有を始めたときに善意（自己の所有と思った）であり、かつ、自己の所有と思ったことに過失がなかったような場合には一〇年であり、その他の場合には二〇年です（民法第一六二条）。質問では、あなたがA地ではないと思って耕作しなかった土地については、甲は相当古くから自己の所有地として占有してきており、これについてあなたの方も何ら争っていることはないようですから、もし仮にその土地がA地であり、あなたの所有であったとしても、現在では右の取得時効の完成により甲が所有権を取得しているという問題が生ずる余地があります。

いずれにしても、事実関係をよく調べて、必要があれば関係者と話合いをされることが適当であると思いますが、関係者間で話し合いがつかず争いになったような場合には、最終的には裁判によって確定されることがらです。しかし、こういった問題は、その前に裁判所に民事調停法による農事調停の申立てをして、調停によって解決を図られることがよいと思います。この調停の申立ての手続きについては裁判所、県農地主務課、農業委員会などにおたずね下さい。

《118》農地贈与の許可の後、登記前の贈与者の死亡

？

私は、父と農地の贈与契約をして、農業委員会の許可も受けましたが、まだ移転登記を申請しない間に、父が急死してしまいました。登記申請は、どのようにしてやるのでしょうか。

！

①お父さんとあなたとの贈与契約は、農業委員会の許可のときに効力を生じ（農地法第三条第六項）、そのときに当事者間（お父さんとあなたとの間）では、農地の所有権は、あなたのものになっているわけです（民法第一七六条）。しかし、あなたの所有になったことを、第三者に対抗するためには、あなたの名義に移転登記をしなければなりません（民法第一七七条）。この移転登記の申請は、お父さんが生きている間なら、お父さん（登記義務者）とあなた（登記権利者）との共同申請によるわけだったのですが（不動産登記法第六〇条）、お父さんが死亡されたために、お父さんの登記申請に協力する義務を、相続人たち全員が引き継いでいることになります。したがって、お父さんの相続人全員と（不動産登記法第六二条）、あなたとの共同申請によって、贈与を原因とする移転登記を申請することになります。ここで、もし、他の相続人、たとえばあなたの弟さんが、自発的に申請書に実印を押して印鑑証明書を交付しない場合には、あなたが、この弟さんに対して、登記申請をせよという訴を起こして（民法

第四一四条）、その勝訴判決が確定すれば（または同旨の調停・和解が成立すれば）、これで登記ができることになります（不動産登記法第六三条、民事執行法第一七三条）。なお、このように弟さんがあなた名義の移転登記に反対しても、訴訟等の手間さえかければ、結局は、弟さんは登記がなされることを阻止できないはずです（もっとも、弟さんが遺留分を主張することがあるかもしれませんが、ここでは省略）。ところが、もし、お父さんとあなたとの贈与契約が口約束で書面がない場合で、しかもお父さんが、許可申請前に死亡されたとすると、弟さんがお父さんの相続人として、口約束の贈与を取り消すことができることになる危険があります（民法第五五〇条）。

②ところで、ご質問のような場合を考えての予防的方策としては、父と後継者との間で贈与契約をすると同時に、父が遺言を書き、それで、贈与契約したその農地について、相続の際には後継者が取得するものという遺産分割方法を指定するなり（民法第九〇八条）、もしくは後継者に遺贈するとし（かつ、信頼できる者を遺言執行者に指定しておく（民法第一〇〇六条））ことが考えられます（《119》参照）。こうしておけば、父の死亡が、贈与の許可申請前でも、許可がおりる前であっても、本問のように許可後登記前であっても、他の相続人のハンコをもらわないでも、後継者一人だけ（遺産分割方法指定遺言の場合）、または後継者と遺言執行者との（遺贈の場合）申請で、登記ができることになるわけです（もっとも、他の相続人が遺留分相当金額の請求をするかもしれませんがこの点は別として）。

《119》遺言書の作成

？　遺言書は、方式がやかましく、また、いくつかの種類があるとのことですが、要点を教えて下さい。

！　法律の条文では、「遺言」と書いてありますが、ただ言い残したのでは、録音機に録音して

（テープレコーダーなどで消せないようにして）おいても、法律上は無効で、必ず書面にしたためておかなければなりません。その書面、すなわち遺言書も、民法に定めた一定の方式に合っていないと無効です（民法第九六〇条）。遺言の方式には、大別して、普通方式と特別方式との二つありますが、普通の状況にある人が遺言するには、普通方式によらなければなりません。特別方式というのは、死亡の危急に迫った（臨終）場合とか、船舶に乗っている場合のような、特別の場合に認められる方式です。

普通方式にも、自筆証書遺言、公正証書遺言および秘密証書遺言の三種があります。

自筆証書遺言というのは、遺言者が、遺言書の文書の全文、日付および氏名を、すべて自筆で書いて、氏名の下に印を押せばよいのです（民法第九六八条第一項）。あくまで、右のすべてが自筆でなければいけないことに気をつけて下さい。証人とか立会人とかは要りません。押す印は、実印でなくてもよろしいです。さらに注意してもらいたいのは、加除訂正の方法で、それは、(i)加除訂正した場合に印を押し、(ii)その場所を指示して、どの部分をどのように変更したかを付記し（たとえば、上部欄外に「この行、二を三に一字訂正」というように）、(iii)その付記のあとに氏名を自書しておかなければなりません（民法第九六八条第三項）。なお、この加除訂正の方法は、秘密証書でも、特別方式でも同じです（民法第九七〇条第二項、第九八二条）。なお、これは法律に書いてあることではありませんが、用紙が二枚以上になったら、綴じて頁数を書き、契印しておいた方がよいでしょう。

公正証書遺言は、公証人に依頼するので詳しい説明は省略しますが、これは最も安全確実であるとともに、字が書けない者でも、口がきければできる方式です（民法第九六九条）。ただ、必ず二人以上の証人の立会が必要ですが、(i)未成年者、(ii)推定相続人（遺言者が死亡したら当然直接相続できる人、たとえば妻と子）と受遺者（遺贈で財産をもらう人）、およびこれらの者の配偶者並びに直系血族、(iii)公証人の配偶者、四親等内の親族、書記および使用人、のどれかに当たる者は、証人となれません（民法第九七四条）。

特別方式のうち、一般危急時遺言（臨終遺言）だけについて説明します。これは、(i)三人以上の証人の立会のもとに、(ii)遺言者が遺言の内容を口頭で述べ、証人の一人がそれを筆記して、(iii)遺言者と他の証人に読み聞かせ、(iv)各証人が筆記の正確なことを承認してから、おのおの自分で署名押印（拇印でもよい）するものです（民法第九七六条第一項）。遺言者自身は署名も押印もしませんが、証人は必ず、めいめい自分で署名押印することに気をつけて下さい。なお、死亡の危急に迫ったときに証人の資格があるかどうか、まぎらわしい者をゆっくり判断する余裕はないでしょうし、三人は最低人数だから、なるべく近親者でない、医師、看護士（未成年者は除く）、友人等を多くそろえた方が安全でしょう。次に、大事なことは、遺言の日から二〇日以内に、家庭裁判所に、遺言が遺言者の真意に出たことの確認を申立てないと、遺言は無効になります（民法第九七六条第四項）。さらに、もし、遺言者が、普通方式で遺言できるようになってから六か月以上生存した場合にも無効になります（民法第九八三条――ですから、あらためて普通方式の遺言書をつくらなければなりません）。

さて、遺言者が死亡した場合は、遺言書の保管者または相続人は、これを家庭裁判所に提出し（封印のある遺言書は家庭裁判所で開封する）、遺言書の検認を受けることになります（民法第一〇〇四条）。

ところで、遺言書の内容になりますが、後継者に農地を承継させたい場合、第一に、まず登記簿の謄本をとって、遺言書にも、農地を登記簿の記載の一筆ごとに明記しておくとともに、第二に、明記された農地について、「遺産分割方法を指定」する旨を明記しておく（民法第九〇八条）のが、よろしいと思います。

すなわち、たとえば、私は、この遺言書によって次のとおり遺産分割方法を指定すると書き、次に、一筆ごとに書き上げた農地（の全部または一部）を、後継者（長男田中太郎というように氏名を明記）が取得（相続）すること、（以下、山林のうち何番の何平方米は次男が取得すること、何番地何平方米の家屋は、三男が取得すること……など）と書くわけです。

このような遺産分割法の指定の遺言があれば、農地については、後継者だけからの申請で（次三男たちのハンコをとらないで）相続登記ができますし、登録免許税も一〇〇〇分の四ですし、農地法上の許可もいらない（農地法第三条第一項第一二号。ただし、同法第三条の三の届出が必要）ことになります。

もし、農地を一筆ごとに書き上げて、この農地を後継者に「遺贈」すると書くときは、同時に、その遺言で、信頼できる人を遺言執行者に指定して（民法第一〇〇六条）おいた方がよいでしょう（遺言執行者の指定がないときは、後継者が、その選任を家庭裁判所に請求すればよいです〔民法第一〇一〇条〕）。この場合には、農地の所有権移転登記は、原則として、遺贈の登記になりますので、遺言執行者（その指定も選任もないときは相続人全員となります）と受遺者であるところの後継者との共同申請になり、登録免許税は一〇〇〇分の四です。農地法第三条の許可は、相続人に対する特定遺贈は除外されていますが、それ以外の特定遺贈は必要となります。もっとも農地法の許可申請は、登記申請とちがって、遺言執行者または相続人全員からだけでよいです――農地法施行規則第一〇条第一項第一号、農地法関係事務処理要領の制定について（平成二一年一二月一一日、二一経営四六〇八号、二一農振第一五九九号・最終改正令和元年一二月一日）第一・1・(2)・イ――なお、この通知では、遺言者自身が生きている間に許可申請してもよいようになっていますが、この場合は、おそらく条件付き許可となるでしょう。

こういうちがいがありますから、なるべく遺産分割方法を指定する方法をとった方がよいのではないでしょうか。

《120》相続人欠格と推定相続人の廃除

? **①私の父は、かねてから、農地は全部、長男であり後継者である私が取得できるような遺言を書いておく、と言っていましたが、死亡した後で、いくら捜しても、遺言書が見つかりませんでした。仕方がなかったので、弟にも**

四〇アールを分けることで、遺産分割協議書を作成し、相続登記をすませましたが、最近になって、弟が遺言書をわざと隠していたことがわかりました。これからでも、農地を取り戻すことができるでしょうか。

②私の長男は、賭け事に熱中して家業をおこたり酒ぐせが悪く注意をすると私に暴力を振ったりしますので、この長男を「廃除」してしまって代わって次男（または孫）に相続させたいと思いますが、どうやったらよいでしょうか。

！

①法律で定められた相続人であっても、次のような極めて不都合な行為があった場合は、当然に（そのための審判等を経ることなく）、相続人の資格を失います（民法第八九一条）。これを相続人欠格といいます。相続人欠格となる場合は、簡単にいうと、(i)故意に被相続人を殺害しまたは殺害しようとして刑に処せられた、(ii)被相続人の殺害されたことを知っても、告発・告訴しなかった、(iii)詐欺・強迫によって被相続人が遺言をするのを妨げた、(iv)詐欺・強迫によって被相続人に遺言をさせた、(v)被相続人の遺言書を偽造・変造・破棄・隠匿した、場合です。ご質問の場合、弟さんは、この(v)に当たるわけで、そもそも相続人となる資格がなくなっていたわけです。にもかかわらず、そのことがわからないで、遺産の分割をうけてしまっている（表見相続人）のですから、あなたは、これに気がついてから五年以内ならば、弟さんに対して、相続回復請求ができることになります（民法第八八四条）。もっとも、弟さんに子がいれば、その子は、弟さん（子の父）に代って代襲相続権をもつわけですから（民法第八八七条第二項、第九〇一条）、その子から遺留分相当の金額を請求されれば、結局、その金額をその子に支払わなければならなくなります。

②廃除ができる場合は、「相続人が、被相続人に対して虐待をし、もしくはこれに重大な侮辱を加えたとき、または相続人にその他の著しい非行があったとき」です（民法第八九二条）。家庭裁判所の審判または調停で、長男の廃除が決まると、長男は相続人の地位を失います。そこで、長男に子（あなた

の孫）があればその子が（二人いれば二人して長男の相続分だけを）長男に代わって、あなたを代襲相続する権利が出てきます（民法第八八七条第二項、第九〇一条）。

だから、長男の廃除後に、あなたが、孫（の一人）に農地を相続させたければ、その孫が、また次男に農地を相続させたければ次男が、遺産分割で農地を取得することを定めた遺産分割方法指定の遺言を書いておけばよいわけです。なお、家庭裁判所への廃除の申立てを、あなたが生きている間にはやりにくい事情があるときは、廃除の申立てをするように遺言書に書いておけば、遺言執行者（信頼できる人を、これも遺言で指定しておいた方がよろしいです〔民法第一〇〇六条〕）が、あなたの死後、あなたに代わって申立てることになります（民法第八九三条）。

《121》農業後継者の寄与分と家族協定

？ 私は、農家の後継者として、父とともに二五年間家業に精進してきました。それもこの七年間は、父が老齢となり、名目的には父が経営主ですが、実質上は私が経営主でした。先月、父が死亡しましたが、私が今まで永年、無報酬で家業に精進してきたことが、相続に当たって報われてもよいように思いますがどうなのですか。農地の所有者の名義は父であったけれども、実際は私が永年耕作してきたのですから、せめて耕作権だけは、当然、私のものになっているとはいえないでしょうか。

！ ①被相続人（お父さん）の生きている間に、学資・独立開業資金・宅地・住宅・嫁入り仕度等の生前贈与を受けた者の、相続分の算定については、この相続人が、生前贈与と父の死後の遺産分割との二重取りにならないようになっていることは、すでに《109》で説明したとおりです（民法第九〇三条、第九〇四条）。

それならば、このように父の財産を減らしたのとは逆に、被相続人（お父さん）名義の財産の維持・増大に、無報酬で寄与した相続人（後継者）については、この寄与分を認めなければ、不公平なわけです。ところが、昭和五五年の民法改正までは、民法には、これについてなんとも書いてありませんでした。これは、いわば民法の一種の欠陥であったわけです。

もっとも、農家の後継者のように、被相続人（お父さん）名義の財産の維持・増大について、特別に寄与している相続人について、報われるものが全く無いというのでは、あまりに不公平ですので、従来でも、判例・学説では、何らかの方法・理論によって「寄与分」を認めようとするものが、比較的有力でした。とはいえ、民法の条文に書いてない、ということで、どうしても限界がありました。

②そこで、昭和五五年に行われた民法の一部改正の際に「寄与分」についての条文が新設され、昭和五六年一月一日以後の死亡による相続に適用されることになりました（民法第九〇四条の二）。民法第九〇四条の二は、かなり長い条文ですが、その概要は、次のようなものです。すなわち、(i)共同相続人の中で、(ii)被相続人の事業に労務や財産を提供したり、または被相続人の療養看護をするなどして、被相続人の財産の維持または増加について、「特別の寄与」をした者の相続分は、(iii)被相続人が相続開始の時において有した財産（現実の相続財産・遺産）から、寄与分を控除したところの、みなし相続財産を、法定相続分にしたがって分けた額に、寄与分の額を加えたものとする、ことになりました。このことを、簡単な計算例で示すと次のようになります。たとえば、〔第一例〕甲、乙夫妻に、A、B、C、Dの四人の子（嫡出子）があり、甲死亡の時に、甲名義の財産（現実の相続財産・遺産）が、八〇〇〇万円あったとします。そして、もし、Aの寄与分が四〇〇〇万円であったとすると、

8,000万円（現実の相続財産）－4,000万円（寄与分）＝
4,000万円（民法第904条の２による「みなし相続財産」）
乙……4,000万円×１／２（法定相続分）＝2,000万円
A……4,000万円×１／２×１／４（法定相続分）＝500万円
＋4,000万円（寄与分）＝4,500万円
B・C・D……4,000万円×１／２×１／４（法定相続分）＝500万円

すなわち、各人の相続分は、乙＝二〇〇〇万円、A＝四五〇〇万円、B、C、Dはそれぞれ＝五〇〇万円、となるわけです。

また、次に〔第二例〕として、前述の〔第一例〕の場合に、もし、BとCに各々三〇〇万円の生前贈与（特別受益）、またDに四〇〇万円の生前贈与（特別受益）があった場合について考えてみます。この場合には、B、C、Dへの生前贈与については民法第九〇三条を適用し（《109》参照）、またAの寄与分については民法第九〇四条の二を適用することになります。

8,000万円（現実の相続財産）＋1,000万円（生前贈与の合計）〔903条により加算〕
－4,000万円（寄与分）〔904条の２により控除〕＝5,000万円（みなし相続財産）
乙……5,000万円×1／2＝2,500万円
A……5,000万円×1／2×1／4＝625万円＋4,000万円（寄与分）〔904条２により加算〕
＝4,625万円
B・C……5,000万円×1／2×1／4＝625万円－300万円（生前贈与）〔903条により控除〕
＝325万円
D……5,000万円×1／2×1／4＝625万円－400万円（生前贈与）〔903条により控除〕
＝225万円

すなわち、各相続人が、甲死亡の際に受けることができる相続分は、乙＝二五〇〇万円、A＝四六二五万円、BとCはそれぞれ＝三二五万円、D＝二二五万円、となります。

③以上の説明から、あるいは、昭和五五年の民法

改正（第九〇四条の二の新設）によって、あなたのような寄与をして来た後継者は、その寄与が報われることになり、大いに安心できるようになったと思われるかもしれません。しかし、実は、あまり安心するわけにはいきません。すなわち、(i)寄与分の額（または割合）はどうして決定されるのかというと、(イ)第一には、共同相続人間の協議（話し合い）によるわけです。この協議の結果、後継者として、満足できる寄与分が決まればよいわけですが、そもそも、これがスムーズにできるくらいなら、新設の第九〇四条の二がなくても、後継者が納得のいくような遺産分割の協議ができていることでしょう（遺産分割協議の場合には、全員が納得している限り、法律によって定められる相続分に応じて、分割する必要はありません）。従来、スムーズに遺産分割協議がまとまらなかったような場合に、民法第九〇四条の二が新設されたからといって、今度は、スムーズに話し合いで寄与分が決められるようになることは、あまり期待できないでしょう。

ところで、(ロ)協議が成立しない場合には、家庭裁判所に調停を申立ることになります。もし、調停が成立しない場合には、(ハ)家庭裁判所に審判を申立ることになります（家事事件手続法第四九条）。後継者の側からこのことだけを申立てもよいし、他の相続人から遺産分割の審判の申立があった場合に、これを受けて後継者の側から寄与分決定の申立をしてもよいわけです。家庭裁判所は「寄与の時期、方法および程度、相続財産の額その他一切の事情を考慮して」審判をすることになります（民法第九〇四条の二第二項）。

こういうわけで、要するに寄与分は、共同相続人間の妥協か、さもなければ、家庭裁判所の裁量によって、決定されるわけですから、後継者としては予め予測を立てることができないわけです（寄与分は、はっきりした権利として確立されているわけではない、といってもよいでしょう）。

(ii)昭和五五年の民法改正による寄与分制度には、以上のほかにも、(イ)寄与分も、結局、相続分に含められているので、寄与分に対応する分も、そうでない純粋の相続分と同じように、相続税法上は、相続税の課税対象となってしまうこと、(ロ)寄与分が認められる者は、相続人に限られているので、後継者の妻(嫁)は、(後継者の親の死亡については)多くの場合、寄与分を受けることができないこと、など、いろいろな問題点があります。

④寄与分を認めるための制度があるといっても、以上のようなものですから、農家の経営主(父)、後継者としては、この制度にたよるだけでは不十分です。したがって、(i)経営主(父)が遺言を書くとか、(ii)経営主(父)と後継者などの間で、後継者などの寄与を(毎年)清算するための家族経営協定・父子契約(たとえば、寄与に対する報酬を農地の移譲で清算する)など、の措置を講ずる必要が、依然としてあるわけです。

⑤なお、ご質問の最後の部分にいわれているように、後継者には、当然に、耕作権が認められるのではないか、という点は、気持ちとしては、まことによくわかります。しかし、現在の法律制度の上では、永年にわたり、お父さんの農地を耕作して来た、という事実そのものから、耕作権という権利の発生を認めることは、非常に困難です(時効によって〔民法第一六三条〕、使用貸借による権利〔民法第五九三条以下――無償で使用する耕作権〕が、後継者に認められると考えることも、できないことではないでしょうが、仮にそうだとしても、この権利の効力は極めて弱いものです)。

したがって、文句なしに、後継者に耕作権が認められるためには、農地所有者(父)と後継者との間で、賃貸借契約(賃借権設定契約)をして、農業委員会の許可を受けておく(農地法第三条)必要があります。ただし、この際に税法上ないし現在の課税実務上は耕作権の評価額いかんによって、耕作権の贈与があったものとして、後継者に贈与税が課せられるようになることがあることに注意して下さい。

《122》遺産分割にも農地法の許可は必要か

?

親の死亡によりその財産を引き継ぐ場合に、その財産に農地が含まれていれば、

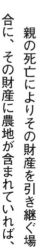

農地法の許可を要する場合があると聞きました。どういうことでしょうか。

❗ 農地法は、農地及び採草放牧地（以下「農地等」という）の適正かつ効率的な利用を確保する観点から、農地等の所有権の移転、貸借権の設定などについて、農業委員会の許可を要することとしています（農地法第三条第一項）。

この制限の対象には、売買、贈与、死因贈与、賃貸などの私法上の契約による農地等の権利取得の場合のみならず、競売や公売、特定遺贈（相続人に対する特定遺贈は許可を要しない）などの単独行為による場合も含まれます。

相続による場合は、相続は人の死亡という事実によって被相続人の財産に属した一切の権利義務が相続人に包括的に承継されるものであること（民法第八九六条）から、農地法の許可は要しないこととされています。

また、遺産の分割による場合は、その分割の効力が相続開始の時にさかのぼることとされており（民法第九〇九条本文）、相続と同視できるものであることから、許可は要しないこととされています（農地法第三条第一項第一二号）。

次に、遺贈（遺言による財産の処分）についてですが、遺贈には、遺産の全部または割合的に一部（全財産の半分とか三分の一など）を他人に与える包括遺贈と、遺産のうちの特定の物や権利などを与える特定遺贈があります（民法第九六四条）。

包括遺贈による場合は、その包括受贈者は相続人と同一の権利義務を有し（民法第九九〇条）、相続と同様の関係にあることから、包括遺贈による農地等の権利取得について農地法の許可を要しないこととされています（農地法施行規則第一五条第五号）。

また、相続人に対する特定遺贈についても遺産分割と異ならないということで平成二四年に農地法の許可を要しないこととされました（農地施行規則第一五条第五号）。

このように、子が親の死亡により農地を引き継ぐ場合には、一般的に農地法の許可を要することは少ないものと思います。

実際の死亡に起因する農地等の権利取得が許可を要する相続人に対する特定遺贈以外の特定贈与や死因贈与などに当たるかどうか、許可を要する場合に許可の基準（農地法第三条第二項各号）を満たせるかなどについては、許可事務を行う市町村農業委員会にご相談下さい。

なお、許可を要しない相続、遺産の分割、包括遺贈、相続人に対する特定遺贈により権利を取得した場合には、農業委員会へ届け出る必要があります（農地法第三条の三）。

《123》相続した農地を放置した場合、罰則があるか

？ 私の父は高齢で一人暮らしをしており、少しばかりの農地で米を作っています。父が亡くなった場合、一人息子の私が財産を相続することになります。

しかし、私は東京で仕事に就いており農地を耕作することはできませんし、適当な借り手もいません。そのまま放置するしかありませんが、相続農地を放置した場合、何か罰則がありますか。

！ 相続で農地の所有権を取得する場合は、農地法の許可などは必要ありませんので、相続人間で分割協議を行い、登記をすれば手続きは完了します。しかし、相続で農地を取得した者はその旨農業委員会に届けなければならない（農地法第三条の三）とされており、届け出を行わなかった場合、一〇万円以下の過料に処される可能性があります（農地法第六九条）。

ご質問のように遠隔地に居住しているため、相続した農地を管理できないという問題が近年聞かれます。このような場合、当該農地を近隣の農業者（担い手）の方に貸し付けることが一番よいと思います。そのまま放置すれば、病害虫の発生などにより周辺の営農条件に著しい支障が生じますし、その場合、市町村は支障の除去をするよう命令することができ

る（農地法第四二条）とされており、この命令に違反した場合には三〇万円以下の罰金に処される可能性があります（農地法第六六条）。

また、毎年農業委員会が行う農地の利用状況調査でそのことが明らかになった場合、所有者に対し意向調査が行われ、耕作または貸し付けの意向がない場合、農地中間管理機構（農地を借り入れ、担い手に再配分する機能をもつ県単位の組織）への貸し付けを勧告されることも考えられます。勧告を受け、毎年一月一日現在で貸し付けや利用の意思がない場合、農地に係る固定資産評価の特例が受けられなくなり、結果的に固定資産税が高くなってしまいます。

貸し付けや届け出などの詳細は、地元農業委員会（市役所や役場内に事務局があります）に御相談ください。貸し付け相手を探し、手続きなども教えてくれます。

《124》借入農地の相続人が不明の場合、賃料の支払いは

？

私は、農用地利用集積計画により集落内の農地を借り入れていますが、先般地主の方が亡くなりました。

奥さんはすでに亡くなっており、相続人として息子さんが一人いるだけなのですが、近所や親戚の方によれば、行方知れずで連絡は取れないで困っているとのことでした。この場合、賃料は誰に払えばよいのでしょうか。例えば地主の弟さんに払ってもよいでしょうか。

！

当該農地の所有権は相続により息子さんに移転しており、相続人は被相続人の賃貸借に係る権利義務も引き継ぎますので、賃貸借関係は息子さんとの間でそのまま継続しています。

一般的に、賃借人は契約に従って賃料を支払う義務があり、賃貸人からの催告にかかわらず理由も無

く賃料を支払わない場合、信義に反し契約の継続ができないとして農地法に基づく都道府県知事の許可を受けて解除されるおそれがあります。

ご相談の事案の場合は、息子さんが行方不明のため賃料を支払うことができないという事情がありますので、直ちに契約解除ということにはならないと思いますが、賃料不払いという事実は残り心配な面もあります。

仮に亡くなった地主の弟さんが受け取ったとしても賃貸人ではありませんので賃料を支払ったことにはなりません。利害関係人が家庭裁判所に申し出て不在者財産管理人が選任（民法二五条〜二九条）されていればその者に払えばいいのですが、本件の場合は選任されていないものと思われます。

このような場合の対応としては、供託制度（民法四九四条〜四九八条。供託法）の利用があります。具体的には、賃貸人が行方不明で賃料を支払うことができないこと（受納不能）を理由として供託所（最寄りの法務局、地方法務局または支局）に賃料相当額を納付（供託）すると賃料債務は消滅するのです。

一方、賃貸人は、請求により払い出すことができます。具体的な手続き等については、法務局や農業委員会にご相談ください。

五　登記関係

《125》登記の種類と効力

❓ 登記の種類及びその効力について簡単に説明して下さい。

❗ ここでは通常の不動産の登記についてだけ説明します。また表示の登記も除外します。登記はその内容によって本登記と予備登記に大別されます。

本登記には次の三種類があります。

①**記入登記**　最も普通の登記で新たに一定事項を記入するものです。

②**抹消登記**　すでになされている登記の記載を抹消する登記です。例えば抵当権が債務の弁済等で消滅した場合等ですが、さらに偽造文書による無効の登記とか、法律行為が無効であったとか、取消されたとか解除されたとかというように、登記した原因が始めからなかったり、後に無くなった場合にも抹消する必要があります。

③**回復登記**　抹消した登記を回復する登記です。登記を抹消する理由が無かった場合です。抹消登記と回復登記には、利害関係ある第三者がいる場合、その承諾書か、これに代わる裁判の謄本を添付しなければならないことになっています。

予備登記には次の二種類があります。

①**予告登記**　登記原因が無効であるとか取消されたとかを理由として、記入登記の抹消または抹消登記の回復の訴訟が起こされた場合になされる登記です。裁判所の嘱託で行われます。この登記は、登記について訴訟が起こっていることを一般の者に知らせ、善意の第三者が関係すること（例えば登記名義はあっても所有者でないかも知れないものから知らないで買うこと）を防止しようとするもので、それ以外に登記本来の効力とは関係がありません。

②**仮登記**　別項《127》で説明しています。

登記できる権利は、不動産登記法第三条に規定されており、そのうち所有権、地上権、永小作権、地役権、先取特権、質権、抵当権は民法に定められている物権です。これらの権利については、権利を移転したり、設定したりしたいわゆる登記義務者は、登記する約束を特別にしなくても登記に協力する義務があり、応じない場合は、登記権利者は裁判を求めることができます。しかし賃借権は物権ではないので、賃貸人の任意の協力がなければ登記できません。

登記の効力ですが、予備登記については前に触れましたので、ここでは通常の登記について述べます。これは前記の登記できる不動産上の権利の得喪変更は、登記をしなければ第三者に対して主張（対抗）することができないということです。当事者間では登記がなくても、例えば契約だけでも主張して差支えありません。即ち登記をしないと、誰にでも主張できる完全な権利にならないのです。第三者の中には悪意の者、例えば甲乙間で土地の売買契約があったことを知っている丙も含まれますから、同じ土地を甲丙間で二重に売買契約して丙が先に登記すれば丙の勝となります（ただし丙の行為が極端に不当な行為になるような場合は、裁判所は登記がなくても乙を保護する場合もまれにあります）。しかし登記がないことを主張することができない場合を不動産登記法第五条に定めており、また不法行為者に対しては登記がなくても真実の権利に基づいて責任を問うことができるとされています。

賃借権も登記すれば、その後物権（所有権）を取得したものに対抗できますが（民法第六〇五条）、前記のごとく賃貸人に登記義務のないのが欠点です。そこで建物の所有を目的とする土地の賃借権については建物の登記に、借家と農地については引渡しに登記と同様の対抗力を認めて賃借人を保護しています。

不動産の売買契約と同時になした買戻の特約（買戻権）も登記すれば第三者に対抗できます（民法第五八一条、不動産登記法第九六条）。

最後に登記には公信力がないということは知っておく必要があります。これは登記簿の記載を信頼して取引しても、その登記が真実の権利を表していない場合には、権利を取得できないということです。例えば無効の売買によって土地の所有名義が甲から乙に移転し、さらに乙から丙以下転々譲渡され、または抵当権が設定された場合、丙以下の者が登記簿を信頼して取引したものであっても何らの権利を取得せず、甲から真実の所有権に基づいて登記の抹消を求められた場合、抹消義務を負うことになります。

しかし登記には、その記載どおりの実質的な権利があると推定される効力があります。従って登記簿記載の権利がないと主張するものは、その証拠を出さなければならないわけです（しかも登記の推定力は取引の直接の当事者間では関係ありません）。

《126》登記は義務か

? 農地法上の許可があって登記するまでの期限はいく日ありますか。

! 土地の所有権や抵当権の登記をすることは、所有者や抵当権者にとって、いわゆる登記義務者といわれる売主や抵当権設定者に対して登記を請求できますが、不動産登記法上の関係において、登記することを義務づけられているものではありません。所有者や抵当権者は、所有権や抵当権を取得しても、その登記をしておかないと、自分の権利を第三者に対抗できないという不利益を受け、結局真実の権利者としての利益をうけることができないことになるのです。自分の権利は自ら登記して護らなければならないのであって、国家が登記を命じているということはないわけです。

同様に登記義務者といわれる者も、権利を取得した者に対して、登記に協力する義務はありますが、公法上罰則等で登記を義務づけられているものではありません。従って所有権や抵当権を取得した者が、登記をしないで放置しておいても、自ら不利益を受けることを別にすれば何ら差支えないものです。従って農地法上の許可があって、登記できる状態になっても、何日以内に登記しなければならないということはありません（通常登記は登記権利者といわれる者、例えば土地の買主のためにするのですが、登記をしないでおくことは登記義務者といわれる売主の方にも、課税上社会生活上不利益となりますので、場

合によっては、買主は売主のために登記を済ませる義務があるといわれています)。

登記でも表示の登記と言われる登記簿の表題部の登記は、全く性質が違っています。表示の登記は、物としての土地や建物を特定区分するためのもので、単に私法上の権利のためのみではなく、課税その他公益上のためにも必要です。従ってその登記申請は義務とされ、怠った場合には過料の制裁があります(不動産登記法第三六条、第三七条、第四二条、第一六四条等)。また表示の登記は登記官が職権でできることになっています(同法第二八条、第二九条、第三九条等)。

このように全く別の登記ですから、表題部に所有者として記載されていても、それだけでは権利の登記をした者として利益を受けられないのです。

登記権利者と登記義務者例えば土地の売主と買主との間では登記する時期は契約で決めるわけですが、特に決めてなければ代金の支払と同時にするのが普通です。

《127》仮登記について

?

農地に関する権利を保全できますか。①停止条件付所有権仮登記について説明してください。②仮登記だけで永久にの土地を所有名義人が死亡したので子供が相続しました。仮登記の効力はどうなりますか。③仮登記た仮登記人が死亡したときはどうなりますか。

!

仮登記は手続きが比較的簡単にできること、特に相手方が応じない場合でも裁判所の仮処分命令でできること、登録免許税が少ないこと等の理由で、非常に多く利用されている登記です。しかも仮登記を抹消するのは、本登記の抹消と変わらず、簡単な方法がないので、事実上の妨害手段として使われることもあります。

仮登記の効力というのは、本登記の順位を保全するということです。将来その仮登記に基づく本登記がなされた場合、本登記の順位は仮登記の順位になということです。例えば、土地所有者甲が乙に所有権移転の仮登記をしても、甲はその土地を更に第三者に売ったり、抵当権を設定したりして本登記することができます。しかし乙の仮登記が本登記の要件を備え、本登記ができることになった場合、仮登記の順位が先ですから、後からなされた所有権や抵当権の本登記に優先することになります（その手続きについては後述のとおりです）。

しかし仮登記そのものには登記の本来の効力即ち第三者に対して権利を主張し対抗するという力がありません。従って仮登記の間は、第三者に権利を無視されても仕方がないことになります。また本登記の順位が仮登記の順位になるといっても、将来本登記した権利が、仮登記のときから存在したことになるというのではありません。従って例えば所有権について仮登記に基づく本登記をした者が、後順位になるけれども先に本登記をしていた所有者が、すでに受領していた賃料等を所有者でない者が受け取ったとして返還を求めることはできません。

仮登記はつぎのような場合にできます。

①登記すべき権利変動はすでに生じているが、登記申請に必要な手続き上の条件が不備の場合。例えば登記義務者が協力せず印を押してくれない場合（これが最も重要な場合である）。所有権移転登記で、登記識別情報（または登記済証）を提出できない場合等であります。

②登記できる権利の設定、移転、変更、消滅の請求権を保全しようとするとき、例えば売買、代物弁済、抵当権設定等の予約をした場合です。そしてこれらの請求権が始期付、停止条件付等将来確定する場合でもよいのです。

③条件付権利が生じている場合。期限までに債務を弁済しない場合は、代物弁済として土地所有権を移転する条件の契約の場合等です。農地法上の許可も法定の条件と解されています。従って許可前でも停止条件付所有権移転の仮登記ができます。そして許可があった時に本登記することになります。

仮登記は共同申請でできることは当然ですが仮登記義務者の承諾書を添付して仮登記権利者が単独でも申請できることになっています。しかし、いずれにしても相手方の協力が必要なことは変わりません。ところが、裁判所に仮登記仮処分命令を申請して、その命令を得た場合は、その正本を添付して単独で申請できます。例えばすでに契約により所有権移転が生じている（農地の場合は許可もあります）のに、あるいは抵当権設定契約が成立しているのに相手が登記に応じない場合等です。仮処分といっても、保証金を供託する必要はありません。

仮登記を本登記にする場合、その本登記に抵触する登記を有している者の承諾書かあるいは承諾が得られない場合は承諾を命じた裁判の謄本が必要とされ、これらの書類が添付された場合、本登記と同時に抵触する登記は抹消されます。

仮登記の性質からして、仮登記だけして永久に農地に関する権利を保全するということは余り意味がありません。仮登記はあくまでも本登記することを前提とされているのです。また仮登記した権利も移転の対象になりますから、仮登記した土地の所有者が死亡しても、仮登記権利者が死亡しても、相続人が地位を承継して当事者になるだけで、法律関係には変わりがありません。

《128》農地転用許可申請を取下げた場合の仮登記の処置

？ 農地法第五条の規定による許可申請書（市街化調整区域内）を農業委員会に提出後、すぐ土地の売買代金を受領し、仮登記をしました。その後申請を取下げ（甲種農地のため許可の見込みがない）、売買契約を解除するよう話し合っても解除をしません。仮登記解除の方法と効果を教えて下さい。

！ このような農地を転用する場合の売買契約は通常法定の停止条件付、すなわち知事の許可を条件とする売買契約が成立したものと考えられています。従って知事の許可があって初めて契約の中心的な効果（特に所有権の移転）が生じ、不許可処分等許可がないことが確定すれば（条件不成就の確定）

契約は失効するわけです。

問題の場合許可申請を取下げたとありますが、取下げについては一応申請者双方の意思でしたものと考えます。

そうしますと、当事者が申請取下げに当たって許可にならないことが明らかなので、契約を解消した（合意解除した）と見られないこともありません。あるいは正式の行政処分は受けなかったが、許可のあり得ないことを双方とも認めて取下げたのですから、許可のないことが確定したとも考えられます。そうしますと、いずれにしても契約が消滅したかまたは無効になったものと考えられるわけです。しかし当事者間に、近いうちに再申請する予定で、そのため契約をそのまま存続させておくという意思があれば別です。

契約が消滅し、または無効と確定すれば、当事者は契約に基づいてした行為の結果を原状に戻す義務があります。従って売主は受領済の代金を返還しなければなりませんし、買主は仮登記の抹消登記手続きに協力しなければなりませんし、土地が引渡されていれば返還しなければなりません。

買主が仮登記の抹消手続きにどうしても応じない場合は、売主は買主を被告として、仮登記の抹消登記手続きを求める訴を提起して、抹消登記手続きを命ずる判決を受ける外はありません。この判決が確定すれば、売主は単独で仮登記抹消の登記手続きを申請することができます。

ただし申請の取下を売主が一方的にしたような場合は、それによって当事者間の契約が解消されるということはありません。

《129》農地売買予約の仮登記と賃借人の立場

？ 市街化区域内の賃貸農地の所有者が、所有権移転の仮登記により第三者へ売買予約をし、第三者が賃借人に離作を強要する例がみられます。農地に対するこの仮登記の効力と賃借人のとるべき方策について説明して下さい。

！ 農地所有者が賃貸した農地を第三者と売買契約することは可能です（民法第五六〇条によれば他人の土地でも売買契約の目的となります）。そして売買予約等の仮登記をすることも、現行の登記法上では手続き的に認められています。しかし仮登記したからと言って、仮登記した第三者がその農地について、賃借人との関係で賃借人に請求できるようないかなる権利も取得していないのです。第三者は所有者に対して農地を目的とする債権的な権利を有するのみで、土地そのものの支配権は何もありません。第一に所有者と第三者の間の農地売買契約は農地法上の許可を受けていないのですから、第三者に所有権が移転していないのみならず、そのままでは農地法上許可されることも困難でしょう。仮登記は、将来その農地が第三者の所有になった場合に備えて、第三者が自己の所有権の登記の順位を保全するために行うものです。仮登記をしておけば、将来本登記をする場合の順位は仮登記の順位になりますから、仮登記後にその農地が差し押えられたり、二重譲渡されても、終局的には仮登記した者の権利が確保されるのです。仮登記には、そういう順位保全の効力がありますが、本登記するまでは、登記の本来の効力即ち第三者が自分の権利として他に主張できるという効力はないのです。従って本問の場合、第三者が賃借人に離作を要求するということはできないことであり、賃借人としては第三者の要求を無視して差支えありません。

賃借人としては、所有者と第三者の契約を法律的に止めたりすることはできませんが、程度によっては農地法の違反行為と見られる場合もありましょうから、行政庁に対して適当な措置をとるよう求めてもよいと思います。

《130》仮登記に基づく本登記手続きをしたい

？　私は、甲から農地三〇〇平方メートルを買い、同時に仮登記をしました。ところが、甲には、丙からの借金があり、その借金の返済ができないため、私が仮登記をした農地が差し押えられ、競売に付されたが、競落人がでないまま競売が中止になっています。私は近く本登記をしようと思いますが、丙の差し押さえの登記が残っている場合にもできるでしょうか。その手続きをお教え下さい。

！　一般的に農地について所有権を移転しようとする場合には、当事者は、農業委員会の許可（転用目的の所有権移転の場合には、知事等の許可）を受けることが必要であり、この許可を受けないでした行為はその効力が生じないことになっております（農地法第三条または第五条）。また、このように農地法の許可を要する所有権移転の登記を申請する場合には、申請書にその許可のあったことを証する書面を添付することが必要です（不動産登記令第七条第一項第五号ハ）。したがってあなたが買い入れて仮登記をしてある農地について本登記をしようとする場合には、甲と連署して右の許可を申請し、その許可を得ることが必要です。

なお、もし、甲が許可申請に協力しないような場合には、甲を被告として、農地法による許可申請手続き請求の訴を提起し、その勝訴確定判決を得たうえ、その判決謄本を添付して、あなたが単独で許可の申請をすることができます（農地法施行規則第一〇条第一項第二号）。

次に、所有権に関する仮登記に基づき本登記を申請する場合においてその仮登記後に登記上利害関係を有する第三者が生じているときは、本登記の申請書にその利害関係を有する第三者の承諾書またはこれに対抗しうる裁判の謄本を添付しなければならず、また、登記官は仮登記に基づく本登記をしたときは、その仮登記後になされた第三者の権利の登記を抹消することとされています。

あなたの場合も、売買に基づく仮登記後に丙より差し押えの登記がなされているようであり、その差押え債権者丙が右にいう登記上利害関係を有する第三者に該当するので、あなたが仮登記に基づく本登記を申請するに当たっては、丙の承諾書を得ることが必要です。

もし、丙が承諾をしない場合には、丙を被告として、仮登記に基づき本登記をなすことに承諾すべき旨を求める訴を提起し、その勝訴確定判決を得ることになります。なお、この場合、一般的には、仮登記に基づく本登記原因がある限り、仮登記後になされた登記上の利害関係を有する第三者は、承諾すべき義務を負うものと解されています。

《131》三〇年ほど前にした売買の登記もれが判明した場合

？

私は三〇年ほど前に農地一九アールを買い受け、その時から引き続き耕作しておりました。売買登記もしたつもりでいたのですが、最近市道敷地にその一部を提供することになって、買った土地の一部に登記もれのあることがわかりました。

売主に登記してくれるよう申し入れましたが応じてくれません。どうしたらよいでしょうか。また、農業委員会できましたら、登記しなくても私の印鑑がなければ他人に売ることはできないといいますが、果たしてそうでしょうか。

！

ご質問だけでは事実関係がよくわかりません。あなたが売買により買い受けた土地の一部に登記が未済になっているものがあれば、あなたは売主に対して移転登記を請求し、もし売主が応じないときは、所有権移転登記手続き請求の訴を裁判所に提起し、その勝訴確定判決により、単独で登記を申請することができます（不動産登記法第六三条）。

売買の対象農地であったかどうか明らかでないが、しかし三〇年前からあなたが買い受けたものとして今日まで引きつづき占有し耕作しているときは、民法（第一六二条）による取得時効によりあなたはその所有権を取得しますから、時効取得を援用して所有権移転登記を請求することができますし、相手方が応じないときは、所有権確認及び所有権登記手続き請求の訴を裁判所に提起して、その勝訴確定判決により単独で登記の申請をすることができます。

農業委員会はあなたの印鑑がなければ他に売ることができないとのことですが、その土地の登記上の名義があなたであれば、そういうことになります。しかし、相手方の名義になっている土地であるときは、売主が第三者に所有権移転の登記をしてしまえば、たとえあなたの所有地であったとしても、あなたはその所有権移転登記を受けた第三者に所有権を主張することができなくなります（農地については、農地法の許可を受けなければ第三者に所有権移転登記をすることができません）。

したがって、あなたに所有権があり、登記名義人が第三者に所有権移転登記をする可能性があるような場合には、裁判所に処分禁止の仮処分を申請してその決定を受け、それから所有権移転登記の手続きの請求をされることが適当です。

《132》消滅した抵当権登記の抹消手続き

？

農地を売却するため登記事項証明書をとりよせましたところ、明治三五年に債権金額三〇円の抵当権設定登記がされていることが判明しました。

この土地は、昭和二二年に所有者が財産税として大蔵省に物納したものを、農地改革の際に自創法で国から売り渡しを受けたものです。

この抵当権は、誰がどのようにして抹消するものですか、その手続き方法をお教えください。

！ まず、一般的に抵当権の登記の抹消手続きは、抵当権の登記名義人（抵当権者）が登記義務者となり、抵当権の目的となっている権利の登記名義人（土地所有者）が登記権利者となって、その共同申請によることが原則となっています（不動産登記法第六〇条）。したがって、おたずねの場合については、抵当権の登記の抹消は、その土地の現在の登記名義人たるあなたと登記簿に記載された抵当権者との共同申請によることが必要です。

そこで、具体的には、あなたは、まず登記簿に記載された抵当権者の住所、氏名を調べ、その者に対し、抵当権の登記の抹消手続きに協力するよう申し入れることが必要です。この場合その抵当権で担保されている債権が弁済などによって消滅しているとき（おたずねの場合は明治時代の借金であり、現在では弁済などによって抵当権が消滅していると予想されます）は、その抵当権者は、抵当権の登記の抹消手続きに協力する義務がありますから、もし抵当権者が抹消手続きに応じないような場合には、裁判所に、抵当権の登記の抹消手続き請求の訴えを提起し、その勝訴確定判決をえたうえで、その判決書を添付して所有名義人たるあなたが単独申請をすることができます（不動産登記法第六三条）。

おたずねによりますと、抵当権が設定されたのは明治時代でありますから、現在の抵当権者の住所などが不明であって、抹消手続きを求めることができない場合も十分予想されますが、そのような場合には、右にのべた抵当権者が抹消手続きに応じない場合と同様の訴を提起しその勝訴確定判決をえてあなた単独で抵当権の登記の抹消申請をすることになります。

なお、おたずねの土地は、財産税物納農地で旧自作農創設特別措置法の規定によって売り渡しを受けたもののようでありますので、県農地担当課に具体的事情を説明し、その手続きの進め方についてよく相談されることがよいと考えます。

《133》地目変更の登記手続きに現況証明書は必須か

? **登記簿の地目田畑をそれ以外の地目に変更するための登記所への申請書には、普通、農業委員会で現況証明書をもらってこれを添付しております。これは、地目変更の登記申請上の必須の書類なのでしょうか。**

! 一般的に、不動産登記法に基づく所有権その他の権利に関する登記については、登記官は、形式的審査権を有するにとどまり、申請に係る権利の設定移転が有効に成立しているかどうかの実体上の審査をする権限はないものと解されておりますが、土地表示に関する登記については、登記官は実地調査等の実体審査をする権限をもっています。

したがって、地目変更等の土地表示に関する登記の申請があった場合には、登記官は、原則として実地調査をして確認することとされています。ただし、申請書の添付書類より申請に係る事項が相当であると認められる場合には、実地調査を省略してもさしつかえないこととされています（不動産登記規則第九三条）。

従来、農地（田畑）を農地以外の地目に変更する登記を申請する場合には、申請書に、農業委員会から現況証明書の交付を受けてこれを添付する取り扱いが一般的に行われています。農業委員会は、農地行政を担当する行政庁ですので、農地であるか否かに関する証明は一般的には信用できるものです。したがって、農業委員会の現況証明書が添付されて地目変更の登記の申請があった場合には、登記官としても、前述の取扱手続きで述べたように、添付書類から申請に係る地目変更を相当と認めて実地調査を省略しうる場合が多いということがあります。

農業委員会の現況証明書は、右のような性質のものとして添付されていますが、地目変更の登記申請上の必須書類というものではありません。

なお、登記簿上の地目が農地である土地の農地以外への地目変更登記の申請で、申請書に農地法の転用許可証等または都道府県もしくは農業委員会の現況証明書など農地に該当しない旨の証明書が添付されていない場合には、登記官は、必ず農業委員会に農地法の転用許可等の有無、現況が農地であるか否か等について照会し、その回答をまって処理することとされています（「登記簿上の地目が農地である土地の農地以外への地目変更登記に係る登記官からの照会の取扱いについて」昭和五六・八・二八、五六構改Ｂ一三四五号構造改善局長通知）。

《134》抵当権と根抵当権

？ 抵当権と根抵当権はどのように違うのですか。

！ 通常の抵当権も根抵当権も、いずれも担保物権として、債権者が債務者または第三者の提供した担保物の価値を把握し、債務の弁済がない場合は担保物を競売して、優先的に債務の弁済を受ける権利であることは同一です。そして抵当権は、抵当物の使用を抵当権を設定した者（所有者）に委しているところが質権と根本的に違うところです。

根抵当権はかつて明文の規定がなく、判例法と行政当局の通知等によって運用されてきましたが、昭和四七年四月一日から施行された民法の根抵当に関する規定（第三九八条の二ないし第三九八条の二二）によって明文化されたものです。

通常の抵当権と根抵当権の差異や根抵当権の特色を簡単に説明します。

①抵当権は確定した債権を担保しますが、根抵当権は、将来の増減変動する不特定の債権を担保します。これが根本的な違いです。従って根抵当は債権者と債務者との継続的取引関係から生ずる一団の債権を担保するのに便利です。

②抵当権は設定のときすでに債権金額が確定しているので、担保の範囲も明らかですが、根抵当権では決まっていないので、担保の範囲は極度額によって決めることになっています。この極度額には元本のみならず利息損害金も含まれることになっていま

す。抵当権では元本の外二年分の利息損害金も担保されますがこの点が違っています。従って根抵当権では極度額の枠があれば何年分の利息損害金でも担保されるのですが、一定の場合に根抵当権設定者の方から二年分の範囲に極度額の減額請求ができることになっています。

③根抵当権はかつて、債務者との間の一切の債権を担保するために設定できるものと考えられていましたが、現行民法では被担保債権の範囲を特定しなければならないことになっています。これは被担保債権の範囲が不明確ですと、他の債権者が迷惑しますので、それを避けるためです。

④抵当権は担保物件が数箇ある場合は共同抵当の関係になり、担保物件全部から同一の債権の弁済を受けることになりますが、根抵当では共同抵当である旨の登記をしなければ、各物件毎にそれぞれ極度額を担保することになります。

⑤根抵当権は被担保債権の元本が確定することによって初めて内容が具体化し明確になります。民法では元本が確定する場合を法定した外（第三九八条の二〇）、元本確定期日について特約がある場合を除いて、根抵当権設定後三年以上経過した場合は、設定者（所有者）の請求により確定できます。また根抵当権者や債務者の相続（個人の場合）や合併（法人の場合）の場合にも、元本が確定する場合がありま す。

⑥根抵当権では債権の元本が確定する前の債権の内容は不特定、不明確ですから、債権の元本が確定する前の根抵当権自体を債権からある程度切りはなして、その独立性を強めています。即ち被担保債権の範囲を第三者の承諾なしに変更できることにしています。抵当権では債権の変更は認められませんし、一度債権が消滅すれば抵当権も消滅し、新しい債権のため抵当権を流用することはできません。

また被担保債権と無関係に根抵当権自体の譲渡（一部譲渡、分割譲渡も含めて）を認めていますし、反対に被担保債権が譲渡されても、根抵当権は譲受債権者に移転しません。ただしこれらのことはいずれも被担保債権が確定する前の関係で元本確定後は原則として抵当権と変わらない関係になります。

《135》抵当権の設定登記と賃借権の関係

? 農地に抵当権の設定登記がなされ、また賃借権も設定されている場合、その効力の優劣はどうなりますか。

! 賃借権の法律上の性格は債権といわれ、物（農地）を直接に支配する権利ではなく、貸主の義務即ち借主のために物を使用させる義務を通して物を支配する権利だといわれ、所有権や永小作権、抵当権等の物権が、物を直接に支配する関係であるのと異なる法律関係だといわれています。そこで「売買は賃貸借を破る」という法諺《ほうげん》があるように、賃貸借関係は物権（所有権）の変動に対抗できないのが一応の原則とされています。しかしそれでは賃借人の地位が安定せず、所有者の変動に対して常に不安にさらされることになりますので、特に生活に重大な関係がある不動産の賃借権は特別法で保護されるようになっています。

抵当権は物の交換価値を把握すること、具体的には抵当物件を競売して、その代金から優先的に債権の弁済をうける権利です。抵当権そのものは、物を用役する権利ではありませんから、賃借権など物を使用する権利との効力の優劣が表面化し問題となるのは、競売手続きによって買受人に所有権が移転したときからです。そして抵当権の優劣ということは、競売における買受人の所有権の優劣ということです。

農地に限らず不動産全部について、抵当権設定前に設定された賃借権は、その登記をしておけば抵当権者（競売における買受人）に対抗できますから、競売後も前所有者に対すると同一の法律関係が引継がれ、使用耕作することができます（民法第六〇五条）。

ただ賃借権の登記をすることは賃貸人の義務ではありませんのでその任意の同意がなくてはすることができず、実際にも余り行われておりません。農地法（第一六条）では農地の賃貸借契約に基づく農地の引渡しに登記と全く同一の効力を認めています。従って現実に賃借人が耕作している賃借地に抵当権が設定され、将来競売によって所有者が変わっても

（農地法では第三者が所有者になる場合が限られています）賃借人の賃借権は何ら影響を受けません。

つぎに農地に抵当権が設定されその登記があった後に賃借権が設定された場合です。今まで述べてきた原則からして、その賃借権は抵当権者（従って競売における買受人）に対抗できないことになります。

もちろん、第三者が競売における買受人として所有権を取得する場合には農地法の許可を得る必要があります。

《136》抵当権と仮登記の関係

? 甲は乙所有の農地の売買契約をして仮登記をした。しかしこの農地には丙の抵当権が設定されていた。丙は実際の農地価格以上の金額に対して抵当としている。甲は乙との契約を取消した。丙は抵当権を抹消しない。この場合、抵当権の実行によって仮登記の効力はどうなるのでしょうか。

! 農地に抵当権を設定することは農地法上何らの制約もありませんから、所有者と債権者の自由な意思（契約）に任せられています。また農地の担保としての価値と債権額との間には、担保設定上関係がありません。

抵当権の設定されている不動産の買主は、抵当債務の内容を知って、そのため価額等の点で考慮した上で買った場合（事実上抵当債務を負担することになるため）は別として、そうでない場合は、将来損害を蒙るおそれがありますから、買主に代金支払拒絶権、契約解除権等が与えられています。

本問の場合、売買契約が解消されたものと思われますが、そうすれば登記簿上に仮登記が残っていても、原因のない無効の仮登記ということになり、抹消しなければならないわけです。

抵当権設定登記後に登記された権利は、登記の原則から抵当権者、従ってその実行による不動産の競落人に対して対抗できません。抵当権実行による競売手続きにおいて、裁判所の嘱託によって競売における買受人のため所有権取得の登記がなされる際に、対抗できない登記はすべて職権によって抹消されます。

《137》登記名義人が米国に移住または帰化した場合の手続き

? **登記名義人が日本国籍のまま米国に移住し、または帰化した後、登記義務者として登記申請をする場合に、申請書並びに添付書類に対する捺印及び不動産登記令第一六条の規定による印鑑証明書の提出は不可能と思われるが、どんな方法で登記ができるでしょうか。**

! 米国では印鑑は使用しませんし、また日本に住所（具体的には住民登録、または外国人登録）のない者には、日本の印鑑証明制度も利用できません。米国では署名によって書類を作成しますが、その署名を公証してもらう方法があります。それは、日本の公証人に相当する制度があり、公証人から署名について認証してもらうことになっています。住所についても同様に、公証人の認証を受けられます。従って公証人によって認証された住所と署名の書類があり、かつその署名による委任状があれば、日本において、印鑑に代わって取引や登記ができることになります。

また公証人の認証そのものの真正に問題があれば、公証人はその署名を公署に登録し、公署の認証を受けられることになっているということです。

また登記簿上の住所と米国における住所の関係について、場合によっては書類を必要とする場合もあると考えますが、具体的には登記所における取扱いにかかってきます。

《138》無籍土地の保存登記手続き

? **新しく生ずる無籍土地を保存登記するまでの手続きはどうなりますか。**

! 保存登記というのは、その物件について最初になされる所有権の登記をいうもので、必ずしも最初の所有者の名義に登記されるとは限りません。建物等は未登記のまま転々と所有者が変わることもあります。ところで土地の場合、まず所有者が問題になります。土地が全く新しく生ずる場合（海や公有水面の埋立、海岸で土地が生ずる場合等）は、その土地所有権が誰に帰属するかは、それぞれ規定がありますからここでは触れないことにします。質問の無籍土地というのは、もとから存在している土地であるが公簿に登載されていない土地というように解しておきます。土地は無限に連続していますが、これを権利の目的とするため人為的に区分して、一筆毎に地番をつけて特定区分されています（地番の設定されていないところも一部例外的にあります）。これは以前土地台帳によって行われていたのですが、現在は登記簿に統一されその表題部によって行われています。また登記所にはいわゆる公図を備えて、各筆の土地の区画や地番が明確になるようになっています（しかし地番の設定のない土地では公図もなく、また公図が何らかの事由で存在しない所もあります）。

土地台帳に登録された土地であれば、統一後の登記簿の表題部が作成されており、表題部には所有者名も記載されていますので、保存登記は所有者として記載されている者またはその相続人が申請できることになっており、これが原則です。

質問の無籍土地は、登記簿の表題部に登録されていない土地と思われます。公図上にも無い場合もありましょうし、また位置等が間違っている場合もありましょう。しかし現実にその土地が、他の土地（大体登記簿表題部に登記されて地番が付されているもの）と別個に存在していることが明確でなければなりません。この場合その土地の所有者は①地積の測量図、②土地の所在図、③土地の所有権を証する書面を添付して、土地の表示の登記を申請することになります。ここで問題となるのは③の土地の所有権を証する書面ですが、隣接土地の所有者との間に争いがなければ、全員から所有者であることの証明をもらえばよいのです。こうして表題部の登記ができれば、前記のように保存登記もできます。

隣接所有者との間に土地の範囲や所有権について争いがある場合は、未登記土地だけに、他に所有権を証する書面を取得することは実際には困難と思われます。この場合は所有権確認訴訟を起こすほかありません。そして判決で所有権が確定された場合は、直ちに保存登記が申請できることになっています。

六　補償・収用関係

《139》賃借地の離作補償の支払方法

? 賃借している農地が国道の改修のため買収された場合の賃借人に対する補償は所有者が（譲渡価格内で）支払うべきですか。

賃借人が承諾しない場合は補償の上積が出来ますか。

! 賃借している農地が国道等公共用地として買収または収用（以下「買取」という。）される場合には、賃借している農地であることにより制限された農地価格を所有者に、賃借している農地としての権利価格（取引事例等による。）を賃借人に支払うこととなっています。しかし、所有者と賃借人との間においてあらかじめ賃貸借関係の解約の合意（賃借人の権利相当分に対する価額についての合意を含む。）があり、農地法第一八条の手続きを了しているならば、公共事業の施行者は、当該農地を更地として一括評価してその額を所有者に支払い、所有者は上記の合意に基づいて、受領額を賃借人との間で配分する方法がとられています。

公共用地として農地が買収される場合の補償は「公共用地の取得に伴う損失補償基準要綱」（昭和三七年六月二九日閣議決定・改正平成一九年六月一五日閣議決定。以下「要綱」という。）に基づいて行われることになりますが、この要綱によりますと賃借している農地が買収された場合の補償は、土地に対する補償（農地価格）のほかに、当該賃借している農地が買収されたことにより、通常生じる損失の補償（農業補償（要綱第四六条～第四九条参照）、立毛補償（要綱第五五条参照）、立木補償（要綱第三八条～第四二条の二参照）など）があり、これらの、いわゆる通常生じる損失の補償については、公共事業施行者が直接賃借人に支払うこととなっております。

なお、公共用地の取得に伴う損失補償は、この要綱に定めるもののほかは一切支払われないこととなっております。

《140》離作補償金について

? 私は、父の代からA所有の田八アールを賃借してきましたが、今度、国営による河川改修によりその田が河川改修用地として買上げられました。賃借地の離作補償金は役場にきくとすでに所有者であるAに渡してあるからAに交渉してもらってくれとのことで、Aに交渉しましたがAは所有者にくれたのだからといって支払おうとしません。離作補償は賃借人に支払われるべきものと思いますが、どうしたらよいでしょう。

! 賃借農地を農地以外のものとするために、事業者が買収するには、その農地の所有者から事業者に所有権を移転するための農地法第五条の許可と、その農地の所有者（賃貸人）が賃借人からその賃貸農地の返還を求めるための農地法第一八条の許可が必要です。

国営の河川改修用地として国が買上げる場合には、農地法第五条の許可は必要ではありません（農地法第五条第一項）。しかし、農地法第一八条の許可は、このような場合にも受けなければなりません。したがって、所有者が農地法第一八条の知事の許可を受けて賃貸借を消滅させていない賃借地を国が買い取ったときは、賃借人は国に耕作権の主張ができ（農地法第一六条）、国が所有者に離作補償の分を含めて支払っていたとしても、賃借人は直接国に対してその損失補償を請求することができます。

ご質問の補償金はどういう経緯でAに渡ったのか、関係する係に照会して、あなたに支払われるよう交渉してみてください。

《141》土地改良田の返還と土地改良費の償還請求

? 私は一〇アールの田を二〇年ほど賃借しています。この田の基盤整備の負担金（特

別賦課金）は土地改良区へこれまで私が払ってきました。最近、この田を買ってくれといわれていますが高くて手がでません。私が買わないと他の人に売るといいますが、そんなことができますか。もし、離作させられると生活に困りますが、離作するときは、土地改良区への払い込み金を所有者に請求することができますか。

❗ 農地を売買するには、農地法第三条の規定によって農業委員会の許可を受けなければできないことになっています。

そこで、農地をあなたが買う場合にはこの許可を受けなければなりません。もしあなたが買わなければ他の人に売るといっているようですが、賃借地など第三者に対抗できる使用及び収益を目的とする権利が現に設定されている農地の所有権（底地）の移転に係る農地法第三条第一項の許可の際の「全て効率的利用」基準の考え方は、①許可申請の際現に耕作すべき農地等を全て効率的に利用すると認められ、②取得しようとする土地の所有権以外の権原の存続期間の満了その他の事由で自ら（取得者又はその世帯員等）の耕作等が可能となったときには全て効率的に利用すると認められることが必要とされています（農地法施行令第二条第一項第二号）。

また、この判断に当たって、所有権以外の権利に基づいて耕作等の事業を行う者に対し、事業の継続の意向を確認することとし、取得者の事業が可能となるときが一年以上先である場合は所有権の取得は認めないことが適当とされています（「農地法関係事務に係る処理基準について」平成一二年六月一日一二構改Ｂ第四〇四号農林水産事務次官依命通知）。

したがって、第三者に売る場合は、当事者との賃貸借契約を解約し、農地の返還を受ける必要があります。しかし、所有者が賃貸地の返還を求める時には農地法第一八条による知事の許可が必要です。一般に契約の義務を果たしていれば、その農地を返還することによって賃借人の生計に支障を来たすような場合には許可にならないのが通常です。

もし、離作するようなことになっても、賃借人が負担した必要費（その物の保存のために必要な費用など）や有益費（その物の利用改良に要した費用）については、所有者に償還してもらうことができます。

有益費については返される側の選択により、その投下費用の額か、あるいはその土地の価値の増加した額かを償還することが原則です（民法第一九六条第二項）。

しかし、土地改良事業に費された有益費を償還するときは、現存するその土地の増加額に限り償還するように特例が設けられています（土地改良法第五九条）。

《142》賃貸借契約を結んでいない賃借人は離作料を請求できるか

？ **私は三〇アールほどの賃借地を十数年間耕作してきましたが、それが今度、市街化区域に入ってしまいました。**

この賃借地は正式に賃貸借契約を結んでおりません。しかし、借賃のほか水利費は私が支払ってきました。半年ほど前に、所有者が賃借地を私に相談もしないで他に売却してしまいました。私は所有者に離作料を支払ってくれと申し入れましたが応じません。最近農地転用の手続きをとるという話を聞いておりますが、離作料をとるためによい方法はないでしょうか。

！ 都市計画法による市街化区域内にある農地について、転用目的で売買をする場合には、当事者（売り主と買い主）が農業委員会に対して所定の事項を届け出れば、売買の許可は要しないことになっております（農地法第五条第一項第七号）。この場合、その売買しようとする農地が賃貸借に係る賃借地であるときは、その届出書には賃貸借の解約等についての知事の許可があったことを証する書面を添付しなければなりません。

さて、あなたは、正式の賃貸借契約を結んでいないとのことですが、その意味は農業委員会の許可を受けて賃貸借をしたが賃貸借契約を文書でしていないということか、農業委員会の許可を受けないで賃貸借をしたヤミの賃貸借ということか、どちらでしょうか。

もし、前者であるときは、当事者が売買について冒頭で述べた農業委員会への届出をする前に、所有者はあなたとの賃貸借の解約等をするための知事の許可を受け（農地法第一八条）、その許可のあったことを証する書面を届出書に添付するか、あらかじめ、あなたと話し合いのうえで所定の合意解約をしてその旨を農業委員会に通知する（同条第六項）ことが必要です。あなたの地方では、賃借地が返還されるときは、離作料が支払われるのが通常であれば、右の許可の申請に際し、または合意解約をするのに際し、離作料の支払いを求めたらよいと思います。

もし、後者（ヤミの賃貸借）であるときは、あなたは、法律上の耕作権を持っていませんから、正規の賃借地の返還に離作料が支払われるからといって、当然に離作料の支払いを請求することができることにはなりません。ただ、この場合にも、あなたがその農地に土地改良費などの有益費を投下しているときは、その返還に際して、その有益費の償還を請求することができます。なお、あなたは水利費を支払っているようですが、水利施設の工事費のようなものは有益費になりますが、ポンプの電気代、維持費というような経常費は有益費ではありませんから、その償還を請求することはできません。

《143》賃貸農地が農道になる場合の補償金の配分割合

？ **私は、少しばかりの貸し付け農地をもつ所有者ですが、いま、この賃貸農地の問題で困っております。一人の賃借人に貸してある農地（田）二四アールのうち一アール余が、町の農道拡張工事のため農道敷になることになりました。町からは一アール余について二〇万円の補償金を支払うから賃借人と話し合って分けてほしいという通知を受けました。そこで、賃借人と話し合いをしましたが、賃借人は自分に耕作権があるから半額をくれと要求してきました。賃借**

人は、いままで安い借賃で耕作して大変な収入を得ておりながら、僅少な補償金の半額を要求する権利があるのでしょうか。このような場合、耕作権の補償はどのぐらいがいいのかお教え下さい。

一般的に、賃貸借による賃貸農地が道路、水路などの公共施設の用地として買収される場合には、賃借人に対しては賃借権の価額が、所有者に対しては賃貸農地の所有権価額がそれぞれ補償金として支払われるのが通常です。そして、この場合に、土地代金を賃借人と所有者とにどのように分けるかという問題がありますが、これについては、全国一律の一定の基準のようなものはなく、その地域の取り引き慣行などによって定まるのが通常です。

したがって、あなたがおたずねの道路敷となる賃貸農地の補償金を、所有者、賃借人がどのようにわけるかについては、あなたが住んでおられる地域における取引き慣行を基準として話し合われることがよいと思います。もし、その地域における取引き慣行による基準がわからない場合には、県農地担当課または地元農業委員会にお聞き下さい。

また、当事者間で話し合いがつかないような場合には、農業委員会に和解の仲介を申し立てて仲介してもらうか、裁判所に民事調停を申し立てて調停してもらうなどの方法をとることが適当な場合も多いと思います。

《144》賃借地が公共用地に買収される場合の所有者と賃借人の配分割合

最近、高速道路、新幹線その他地域開発に伴って公共用地に農地が買収されることがありますが、その中に、賃借地が含まれることがあります。賃借地が公共用地に買収される場合所有者と賃借人との補償金の配分割合の問題になりますが、どんな割合で配分すべきでしょうか。また、賃借人と話し合いがつかないまま買収されてしまった場合、賃借人の

耕作権はどうなるでしょうか。

一般的に、公共用地として買収される場合の損失補償については、「公共用地の取得に伴う損失補償基準要綱」（昭和三七年六月二九日閣議決定・改正平成一九年六月一五日閣議決定。以下「要綱」という。）に基づいて行われております。

この要綱によりますと、賃貸借による賃借地が公共用地に買収される場合には、その所有者には、賃借地の所有権の価額が、賃借人には、賃借権の価額が、それぞれ補償金として支払われることになり、この両者の合計額が農地の補償金と一致することになっております。

また、この場合の補償金の算定は所有者に対しては、賃借地の取引価格を基準として、賃借人に対しては、賃借権の取引価格を基準として、もし賃借権の取引き事例がないような場合には所有地の取引価格と賃借地の取引価格との差額すなわち地域慣行の耕作権割合を基準として算定されることになっています。

したがって、賃借地が公共用地に買収される場合には、その地方での取引慣行における耕作権割合がどの位であるかを調べ、これを基準に所有者と賃借人との配分割合を定めるように話し合うことが適当であると考えます。

次に、もし、賃借人と補償金額について話し合いができないまま事業主体が当該賃借地を買収した場合には、その賃借人は賃借権をもってその事業主体に対抗でき、耕作を継続することができます。このような場合には、事業主体は、その賃借人に対して損失補償をして賃借権を消滅させる手続きをとり、賃借権が消滅した後でなければ、その賃借地について工事等を行うことができないことは当然です。

《145》賃借地の場合、ため池造成費を誰が負担すべきか

？

水田の水源地に当たるところが開発されたので古くからの水田は水不足をきたすようになりました。いろいろ対策を研究しましたがよい解決策はなく、結局のところため池をつくることにしました。

このため池をつくる費用が、測量費、設計費、工事費を合計すると一〇アール当たり五万五千円くらいかかります。このうち測量費、設計費、その他雑費一〇アール当たり五千円は即時払いです。工事費一〇アール当たり五万円のうち一万五千円は即時払い、三万五千円は起債により七年間で支払うことになります。

賃借地についてその賃借人らは、他人の田地に多額の金を支払うわけにはいかないと申しております。私は田の水利権がありますので、連帯して支払ってもよいと思っています。そこで、費用の分割負担についてどうしたらよいかお教え下さい。

！

水田の水不足を補うためにため池を造成するとのことですが、このため池造成は、土地改良法に基づく土地改良事業として行うのでしょうか。それとも土地改良法によらず、農地の所有者、耕作者の任意の話し合いによって行うのでしょうか。

まず、その農業用ため池の造成が土地改良法に基づく土地改良事業として行われる場合には、同法第三条の規定により事業参加者は農地については原則として耕作者であり、したがって、賃借地の場合は賃借人が事業参加者として事業費の負担をすることになります。

賃借地について所有者が事業参加者となることについては農業委員会の承認が必要であり、その場合には所有者が事業に参加して事業費の負担をすることになります。

賃借人が土地改良事業に参加して費用を負担し、それが有益費（物の価値を増加するに役立った費用、

たとえばその農地に利用しうる用排水路の設置に要した費用等）に属するときは賃借地を返還する際にその事業によって増加した価値が現に存するときに限り、その増加額を所有者に償還を求めることができます。

もし、その費用が修繕費に属するときは、いつでも所有者に償還請求をすることができますが、その償還について当事者が契約して特別の定め（例えば、修繕費は賃借地返還の際に償還する。）をすることは可能と考えられます。

また所有者が事業に参加して費用を負担した場合で、事業によりその賃借地がよくなったときは、借賃の増額を請求することができます。

次に土地改良法によらず所有者、耕作者の任意の事業としてため池を造成する場合には、その費用をどう負担するかは関係者の協議により定めることになります。この場合においても、所有者の負担により農地がよくなったような場合の借賃の改訂は土地改良法によった場合と同様に借賃の増額の請求ができますし、賃借人が負担した有益費は賃借地を返還する際所有者に償還を請求することができます。

なお、修繕費を賃借人が負担することとする場合には、その償還についても同時に定めておくことが適当です。

《146》農地が公共用地として買収される場合の補償基準

？　鉄道、道路、学校等公共用地として農地が買収される場合の補償基準はどうなりますか。

！　公共用地の取得に伴う損失補償は、各公共事業の施行者とも「公共用地の取得に伴う損失補償基準要綱（昭和三七年六月二九日閣議決定・改正平成一九年六月一五日閣議決定）」（以下「要綱」といいます。）によることになっています。

要綱によりますと、農地を買収する場合の補償のあらましは次のようになっています。

①農地に対する補償（買収価格）……農地としての正常な取引価格をもって補償されます。つまり、近傍類似の農地としての取引事例価格を基準に、その農地と買収される農地との間の地味、水利、立地条件、収益性等一般取引における価格形成上の諸要素を比較し、さらに農地の収益価格（平均純利益を資本還元した額）および固定資産税評価額等をも参考としたうえ、総合的に公正妥当な取引価格を算定することとしています（要綱第八条、第九条参照）。

②農業補償……農地の買収により農業経営上の損失を生ずる場合には農業補償として、農業の廃止補償（農業用資産の売却損、および転業の通常必要とする期間中の従前の所得額による所得補償等）、農業休止の補償（休止期間中の農業用固定経費（租税公課減価償却費等）および所得減の補償等）および農業経営規模縮少の補償（農業用過剰遊休化資産の損失、経営効率の低下等の補償）が補償されます（要綱第三四条～第三七条参照）。

③立毛補償……買収する農地に農作物の立毛がある場合およびそれを作付けするためにすでに費用を投下している場合に、その損失が補償されます（要綱第五五条参照）。

④収穫樹がある場合の移植または伐採の補償（要綱第三八条、第四一条参照）。

⑤残地補償……農地が分割して買収される場合残地について利用価値、交換価値の減少等の損失が生ずる場合はその損失が補償されます（要綱第五三条、第五四条参照）。

しかし、上記①の場合当該買収農地が現に宅地としての利用価値を有するような農地は宅地に準じたものとみて、近傍類似宅地の取引価格を基準とするほか、近傍の宅地価格から宅地の造成に通常必要とする費用相当額を控除した額を参考として求めます。またこのような場合、上記②の農業補償については、買収価格の中には、農業経営の廃止、休止、または規模縮小をすることに伴って生ずる損失の全部または一部が含まれているとの考え方から、その額を農業補償額から減額控除することとなっています（要綱第四九条参照）。

《147》土地収用法により賃借地が収用された場合、所有者、賃借人の土地の対価補償金に対する配分割合

？ 道路工事のため賃借地が買収されることになりましたが、買収に応じなかったところ、起業者は土地収用法によって強制取得をするといいます。この場合の所有者と賃借人との間の土地の対価補償金に対する配分割合はどうなりますか。

！ 土地収用法の適用によって、賃借地が収用される場合、権利取得の裁決（土地収用法第四八条）に定められた権利の取得または消滅の時期に所有権は当該公共事業の施行者(申請人)が取得し、賃借権は消滅することになります（同法第一〇一条）。

しかし、この権利取得裁決に同時に定められる取得する土地、または消滅する賃借権に対する損失補償金が被収用者である所有者または賃借権者に払い渡されないとその裁決は失効します（同法第一〇〇条）。

この場合、これら取得する土地または消滅する賃借権に対する補償についてみますと次のとおりです。

①補償金の額については、近傍類似の取引価格等を参考として算定した事業認定の告示の時における相当な価格に、権利取得裁決の時までの物価の変動に応ずる修正率を乗じて得た額とすることが定められています(同法第七一条)。これを具体的に示せば次のとおりです。

ア、賃借権の目的となっている土地に関する補償額（所有者分）は、当該土地の更地価格から当該賃借権の価格を控除した価格とする。

イ、消滅する賃借権に対する補償額(賃借人分)は、近傍類似の賃借権の正常な取引価格を基準として、地価、借賃、契約内容等の諸要素を総合的に比較考慮して算出した価格とする。

②次に補償金の払渡し方法については、土地所有者および賃借人の各人別に行うことが原則とされています。しかし、この分離計算（各人別に見積るこ

と）が困難な場合は、これらを一括計算して（この場合は更地価格）、所有者に対して支払うことが認められています（同法第六九条）が、この場合においては賃借人と所有者との間でその割合について話し合いをすることになります。

《148》道路敷となる買収地の対価が低いため買収に応じない場合その収用手続きと期間、収用対価は

？ 道路敷とするために農地が買収されることになりましたが、買収価額が低いので買収に応じなかったところ、起業者は土地収用法によって収用したいといってきました。この場合の収用手続きとその期間ならびに収用対価はどうなりますか。

！ 土地収用法（以下「法」と略称）にもとづいて土地等の強制取得を行おうとするときは、その前提としまして起業者は、国土交通大臣または都道府県知事に対して事業認定の申請書を提出して事業の認定を受けなければなりません。（法第一六条・一七条）。

国土交通大臣または都道府県知事は事業認定の申請書を受理しますと、その日から三月以内に事業認定に関する処分を行うように努めなければなりません（法第一七条三項）。

事業認定の処分がなされますと、その旨告示されますが（法第二六条）、起業者としましては告示がなされた後においても相手方と交渉を続けそこで同意が得られるならばあえて収用手続きに入る必要はありませんが、同意が得られる見込みがないときに収用手続きを進めることになります。ただし、事業認定の告示の日から一年以内に裁決の申請をしないと、事業認定が失効します（法第二九条一項）。

収用手続きに入るにはまず、収用する土地等について土地所有者等の立会の上、土地調書、物件調書を作成し（法第三六条）、都道府県の収用委員会に対して収用または使用の裁決申請書を提出しなければ

なりません（法第三九条）。ただし、事業認定の告示の日から四年以内に明渡裁決の申し立てをしないと事業認定が失効します（法第二九条二項）。

収用委員会は提出のあった裁決申請書について所要の手続きを経た後、裁決手続き開始の決定を行いその旨を公告するとともに管轄登記所に裁決手続開始の登記を嘱託することになります（法第四五条の二）。これらの諸手続きが完了しますと、収用委員会は裁決申請に係る事業について公開で審理し裁決を行うことになります。

次に、起業地内の土地の評価につきましては、事業認定の告示の時点において固定され、それ以降における近傍類似の地価の変動は考慮されず、事業認定告示の時点から権利取得裁決時までの物価の変動による修正がなされることになっています（法第七一条、第七二条）。ただし、物件の移転等の一般の補償金につきましては、明渡裁決の時点の価格によって算定されます（法第七三条）。

《149》農業経営が不能になる公共事業の農地買収に、家屋移転補償請求ができるか

？ 国道の新設により庭先が住居の土台ギリギリまで買収されることとなりました。農作物の乾燥調整等庭先を利用していた作業ができなくなり、現住居では今後農業経営を持続することが難かしく、代替宅地を他に求めたいのですが、このような場合、家屋移転の補償要求ができますか。

！ 移転補償の対象となる建物等は、原則として買収し、または使用する土地（以下単に「事業用地」と呼びます。）にあるものとされています。したがって、土地の一部を買収し、または使用する場合に建物等が事業用地と残地にまたがって存在していても、原則としては、事業用地の上にある部分だけが移転補償の対象となります。しかし、分割して移転することによって従来の用法による利用価値

を失い、全部を移転しなければ従来用いていた目的に供することが著しく困難となるときは、当該建物等の所有者の請求により、その建物等の全部を移転するのに要する経費を補償することができることとなっています（土地収用法第七七条、公共用地の取得に伴う損失補償基準要綱第二八条）。

そこで、あなたの場合ですが、ご質問からでは、従前の土地の状況や建物の位置、用法それから残地の状況等があきらかでありませんので実際にどのような補償が行われるべきか、にわかに判断することはかえって誤解を招くおそれがありますので、一般論でお答えすることにします。

あなたの住居が、客観的にみて、従来農作物の乾燥や集出荷等の農作業の場所として使用されていた事業用地と機能的に一体不可分の農業用施設を兼ねており、当該土地を買収されることによって、従来の用法による利用価値を失う場合に該当すると認められる場合に、あなたからの当該建物の移転についての請求（口頭でもよい。）があれば、当該建物のうち機能を失った部分の移転に要する費用を補償することが一応妥当と考えられますが、土地の一部が買収されたことに伴い不可能となる農作業を回復する手段として、当該建物の移転が必ずしも客観的、合理的に妥当な方法と言えない場合もあるので、あなたの場合にも土地の一部を買収することに伴って生ずるそれらの損失に対しては、客観的にみて合理的な補塡《ほてん》の方法が検討され、その結果、住居の移転以外の方法によるのが妥当と認められた場合には、当該妥当な方法によって補償が行われることがあると考えられます。

なお、移転補償の場合の移転先および移転方法は、主観的な事情によらず、客観的にみて合理的な移転先と移転方法が選定されます。また、残地について、土地価格の低下や利用価値の減少等の損失が生ずるときは、これらの損失額が補償されます（土地収用法第七四条、公共用地の取得に伴う損失補償基準要綱第五三条）。

《150》流出した農地（現在河原）の公共事業に供される場合の補償等は

？ 水害により耕地（畑）が流失し現在そこが河原となっていますが、流失前から今日まで約五〇年間固定資産税を払ってきました。当該地が公共事業の用地例えば、県道の拡幅、橋梁の架設等の用地になる場合、補償はどうなりますか、またその土地を無償で寄付しなければなりませんか。

！ ご質問ですと、県道の拡幅、橋の架設等の用地となるその河原は、あなたの権利の存否が問題となっており、そのためあなたと道路工事等の起業者（以下「起業者」といいます。）との補償の要否をめぐってトラブルがあるように推察されますので、問題を二つのケースに整理してお答えします。

①その河原が河川法に基づき現に河川の区域となっている場合。

ご質問では、その土地がいつから河原の状態になったのかあきらかでありませんが、現に旧河川法に基づき河川の区域に認定されていて、私権の目的とならない場合には、すでにあなたの権利は排除されていますから、県道用地等に供されることになっても、起業者に対しその土地の買収（土地対価の補償）を要求することはできません。しかし、河川の区域として認定されていても、その土地が荒地でない場合には河川管理者は、従来の所有権者またはその相続人から占有の申請があれば公益を妨げない限りこれを許可する義務を負い、公益上支障あるためこれを許可しなかったとき、または占用を禁止したときは相当の補償金を交付しなければならないとされていますから、現にあなたが権原によって、その河原を占用している場合にはそれが道路用地等に供されることに伴い占用が不可能となることにより通常生ずる損失については、起業者に対しその補償を要求することができます。

それから、その河原が現に河川法に基づき当然河川区域に該当するか、あるいは河川区域に指定されている場合には、あなたの権利は排除されることなく依然存続していますから、道路用地等に供されるときは起業者に対し土地の買収を主張することができます。

なお、この場合現にあなたがその土地を占用しておりそれが買収により継続できなくなることにより通常生ずる損失があれば、起業者に対し適正な補償を要求することができます。

②その河原につき、現にあなたの権利があり、それをあなたの意に反し公共用地として寄付するよう求められている場合。

公共用地は、事業の種類によっては、その受益者が共同して負担する場合もあります。例えば、農用地造成や区画整理などの土地改良事業では、土地改良施設用地を換地手続きによって受益者が共同減歩で負担する場合があります。しかし、このような例外を除けば個人の財産を公共のために用いるには正当な補償をしなければならないことになっています（憲法第二九条第三項）。したがって、あなたが同意しない限り当該土地を無償で寄付しなければならない理由はありません。

なお、官公庁における寄付については、「財政の窮迫化に伴い、諸官庁においてその経費の一部を諸種の寄附に求める傾向が著しいが、寄附者の自由意志によると言われる場合においても、その性質上半強制となる場合が多く、あるいは国民に過重の負担を課することとなるので、官庁の経費は、予算をもって賄い寄附金等の形によって他に転嫁することは極力これをつつしむこと」などが閣議で決定されており地方公共団体に対しても同様の自粛が求められています〔官公庁における寄附金等の抑制について（昭和二三年一月三〇日閣議決定）〕。

七　紛争処理関係

《151》和解の仲介の申立て手続き

？ 私は、所有農地に隣接する土地の所有者との間で争いが生じております。農業委員会でこういう争いを解決して下さる制度があると聞きますが、どんな制度でしょうか。また、その制度によって解決してもらうための手続きを教えて下さい。

！ おたずねの農地についての紛争を解決するための制度とは、和解の仲介制度のことと思います。

この和解の仲介制度は、農地または採草放牧地の利用関係の紛争が生じた場合に、その紛争当事者の双方または一方の申立てにより、農業委員会が和解の仲介を行います。この場合、農業委員会が和解の仲介を行うことが困難または不適当であると認めたときは、申立人の同意を得て、知事に和解の仲介をしてもらうことになります（農地法第二五条第一項）。

農業委員会が和解の仲介を行うには、会長が事件ごとに三名の仲介委員を指名し、この三名の仲介委員が和解の仲介を行います（同法第二五条第二項）。仲介委員は、紛争当事者の言い分をよく聞くなど紛争の実態をよく調査のうえ、条理にかない実情に即した解決方法を見出して紛争が公正に解決するよう努力することになっています。

農地等の利用関係の紛争の当事者がこの和解の仲介の申立てをするには、その当事者の双方または一方が①申立人及び紛争の相手方の氏名（または名称）及び住所、②紛争に係る土地の所在、地番、地目及び面積、③申立ての趣旨、④紛争の経過の概要、⑤その他参考となる事項を記載した和解の仲介申立書を農業委員会に提出するか、申立人が直接農業委員会に出頭して、右の事項を口頭で陳述するかのどちらかの方法によって行うことになります（同法第二五条第一項、農地法施行規則第七一条）。

なお、この和解の仲介は、申立てをしても費用は特にかかりませんし、地元の農業委員会ですから、忙しいときは当事者の都合のよいときをみて仲介手続きを進めることができます。

《152》農事調停とは

？

私は以前甲から一八〇万円を借用し、所有田一〇アールに抵当権を設定しました。返済期限に返済金の都合がつかなかったので、甲に抵当農地を二二〇万円で買ってくれるよう頼みましたが、甲は買えないからだれにでも売ってよいとの返事でした。しかし、売ることができなかったので、甲に返済するまで利子代わりに耕作するよう頼み、以後、甲が耕作しております。その後金ができ借用金を甲に返済し、その際田を返してくれるよう申しましたところ、甲は耕作したのであるから、借賃は支払うが、利子の方が多くその残額を払わないと田を返さないといって、田を返してくれません。とても話し合いでは解決しそうにありませんが、裁判では費用がかかるとききますので、あまり費用がかからないで解決するよい方法はないものでしょうか。

！

おたずねの内容からでは事実関係を十分把握することができないので、明確なお答えができかねますが、問題解決の一方法として民事調停法による農事調停によって解決を試みることが適当と考えます。

農事調停は、農地その他の農業用資産の利用関係の紛争を調停する制度であり、その紛争の目的である農地などの所在地を管轄する地方裁判所（当事者双方の合意のうえ定めたときは簡易裁判所）が、うけもちます。

調停は裁判のような強制的な解決手段ではなく、あくまでも話し合いにより、条理にかない実情にそくした解決をはかることを目的とした制度でありますが、この調停の場で話し合いがつき、これを調書に記載され調停が成立したときは、裁判による判決と同じ効力をもつことになります。しかも、申立ての手続きは簡単であり、費用もさしてかからず、比較的短時間で解決をみるという長所があります。

なお、調停の申立て手続きなどの詳細については、もよりの裁判所か、県の小作主事におたずね下さい。

《153》農事調停の申立てと手数料

? 隣接地の所有者甲と畑の境界について紛争を生じいろいろと話合いましたが、相手方は私の主張を聞いてくれません。私も甲も書類などによる証拠はなく、解決に困っています。村の農業委員は、農事調停を申立てればといいますが、調停を申立てるにはどうすればよいでしょうか。また費用はどのぐらいかかりますか。

! 農事調停については、民事調停法に定められております。調停は、裁判のように法律に基づく強制的な解決でなく、当事者の合意によって解決しようとするもので、一旦調停が成立すると、それは普通の裁判で得た判決と同じ効力をもちます。

しかも、農地の利用関係に関する紛争の調停は、耕作者の保護、農地の利用増進等の国の農業政策と密接な関係があるため、農事調停として一般の調停と異なる取扱いがされ、調停委員会が調停をしようとするときは、小作官または小作主事の意見を聞かなければならないことになっています。

農事調停の申立ては、紛争の対象である農地等の所在地を管轄する地方裁判所（当事者が合意で定める場合は簡易裁判所でもよい）に、申立ての趣旨及び紛争の要点を明らかにして行います。調停申立ては必ずしも書面でなくてもよく、口頭で申立てをすることもできます。この場合は裁判所書記官の面前で陳述して、書記官に調書を作ってもらうことになります。

調停の手数料は、調停を求める事項の価額一〇〇万円までの部分は一〇万円ごとに五〇〇円、一〇〇万円をこえ五〇〇万円までの部分については二〇万円ごとに五〇〇円、五〇〇万円をこえ一〇〇〇万円までの部分については五〇万円ごとに一〇〇〇円、一〇〇〇〇万円をこえ一〇億円までの部分については一〇〇万円ごとに一二〇〇円を加えるなどとなっています。

農地についての価額の評価は固定資産税の評価などを基準として行われます。調停を求める事項の価額を算定することができないときは一六〇万円（手数料六五〇〇円）とみなすことになっています。

なお、調停申立ての様式などくわしいことはもよりの裁判所に相談して下さい。

（注）例えば二〇〇万円の農地の売買に関する調停であれば、その手数料は七五〇〇円（500円×10＋500円×5）となります。この手数料は印紙で納めることになっています。

《154》不許可処分に不服がある場合

？ 私の農地を甲と売買するにあたり、農地法の許可を申請したところ、甲は農地法上農地を買う資格がないとして不許可の処分を受けました。私はどうしてもこの処分に納得できないので、不服の申立てをしたいと考えておりますが、その手続きがわかりませんので、これをお知らせ下さい。

！ 農地の売買について農地法第三条第一項の規定による許可の申請をした者が、これに対する不許可処分について不服がある場合には、農業委員会がした不許可処分にあっては知事に、審査請求をすることができます（地方自治法二五五条の二第一項第二号）。

処分についての審査請求は、処分のあったことを知った日（不許可通知書の交付をうけた日）から三か月以内に、審査請求書正副二通を知事に提出することが必要です（行政不服審査法第一八条）。なお、行政庁が審査請求をすることができる処分を書面でするときは、「教示」といって、その書面に審査請求をすることができる旨ならびに審査請求をすべき行政庁および審査請求をすることができる期間を記載することになっています（同法第八二条）から、具体的には、不許可通知書をよく確かめたうえ所定期間内に審査請求をするようにして下さい。また審査請求は、処分庁（農業委員会）を経由して提出することもできます（同法第二一条）。

審査請求をするには、審査請求書に、①審査請求人の氏名、住所又は居所、②審査請求に係る処分の内容、③審査請求に係る処分があったことを知った年月日、④審査請求の趣旨及び理由、⑤処分庁の教示の有無及びその内容、⑥審査請求の年月日を記載し、審査請求人が押印して提出しなければなりません（同法第一九条第二項）。

審査請求書を提出しますと、処分庁から審査庁に弁明書が提出され、その副本が審査請求人に送付されますから、その弁明書に意見があるときは、指定された期間内に、反論書を審査庁に提出することができます（同法第二九条、第三〇条）。

《155》耕作のため他人の土地を通行できない場合

？

私の所有農地（田）は他人の所有農地に囲まれており、従来その他人の所有農地を通って耕作していましたが、今回その所有者から所有地への立ち入り禁止の通知を受けました。当地方では、慣習により耕作のため他人の所有農地を通っていましたが、金銭、物品などの使用料は支払っておりません。

このような場合、立ち入り禁止の申し入れにしたがえば、事実上耕作できなくなりますが、従来どおり通行できないでしょうか。

また、農村でこのような立ち入り禁止が行われるとすれば、他人の土地に囲まれた農地は耕作できないことになり、生活にも困ることになりますが、このような問題が生じた場合、この解決を申し出る役所の名称などをお教え下さい。

！

他人の土地を法律上の権利として通行できる場合としては、①通行地役権設定契約あるいは通行用地の賃貸借契約などのような、何らかの契約がある場合、②通行地役権を時効によって取得している場合、③その土地に袋地通行権が認められる場合が考えられます。①を主張するためには、土地の所有者との間に通行に関しての契約の存在が必要です。また、②を主張するためには、二〇年間（その占有の始めに善意にして過失がないときは一〇年間）通行が継続して行われてきたものであり、同時にだれが見てもそれが明白でなければならないとされています（民法第二八三条）。そうして、判例は、「継続の要件としては、時効を主張する者が自ら道路を開設することを要する」と判示しています。したがって、単に耕作の便宜のため、隣地の農地を通行し、その所有者が通行の事実を黙認しているような場合には、一般的にみて、これはあくまでも相隣関係者の徳義上の問題にしか過ぎないものであって、時効の問題は生じないと考えられます。

もし、問題のあなたの農地の四方全部が他人の土地に囲まれ公道に通じていない場合、その土地の所有者は、公道に至るため、その土地を囲んでいる他の土地を通行することが法律上認められることになります（民法第二一〇条）。この通行権に基づいて通行する際には、まわりの土地所有者にできるだけ迷惑をかけない場所および方法を選び（民法第二一一条）、通行するために生じた損害については、その土地所有者に償金を払わなければなりません（民法第二一二条）。なお、土地の分割によって公道に通じない土地が生じたときは、その土地の所有者は、他の分割者の所有地のみを通行することができるとされ、また、この場合には償金を支払う必要もありません（民法第二一三条）。なお、少し遠まわりをすれば公道に出られるような道があるときは公道に通じない土地であるとはいえず、この通行権は認められませんので注意する必要があります。

そこで、あなたが問題にされる農地が公道に通じない土地であると認められない場合には、通行について土地の所有者と何らかの契約がない限り、所有者の通行禁止の要求を無視して通行することはできないと考えられます。

あなたの農地が公道に通じない土地である場合には、客観的にみて従来通行している土地を通行することが、あなたの農地の周囲の土地のために最も損害が少ないと認められるときは、その土地の所有者の通行禁止の申し入れに対し、自己の法律上の通行権を主張し、通行することができます。しかし、従来通行している場所以外に通行に適当な状態の箇所があり、そこを通行することが、土地の所有者の損害を最低限にすることができるものであれば、そのところを使用しなければなりません。このような公道に至るための他の土地の通行権が認められる場合でも、土地の所有者が、たとえば従来の通路を破壊するなど積極的に通行を阻止するときは、結局、調停か訴訟かの法律的措置に頼らざるをえません。もしこの際、公道に通じない土地の所有者の通行が緊急を要する場合には、裁判所に仮処分命令の申立をすれば裁判所の命令により本訴において権利が確定するまでの間、従来どおり通行することが認められます（民事保全法第二三条、第二四条）。

《156》公道への通路妨害にとるべき措置

？ 私の田（約一〇アール）は公道に面していないために古来から川下の井ぜき水路及びそれに接した畦約一〇メートルを通路として利用してきました。ところが、本年四月、その土地の所有者が水路に接した畦をセメント畦畔にしようとしました。セメント畦畔になると狭くなって、従来のようにトラクターが、通れなくなるし、収穫物の運搬にも事欠くことになります。そこで、県庁に実情調査のうえ是正措置を申し入れてありますが、まだなんら措置してくれません。古来からの慣習を無視した、この通路妨害に対してとるべき措置はないでしょうか教えて下さい。

！ あなたの田への通路として従来されてきた状況がどんなものか明らかでありませんが、その状況が「継続的に行使され、かつ、外形上認識することができるもの」であるときは通行地役権の取得時効が完成していることも考えられます（民法第二八三条）。すなわち、通行者たるあなたが自ら通路を開設し、かつ、一定期間（その始めに善意無過失の場合には一〇年、その他の場合には二〇年）継続的に使用してきたときは、時効により通行地役権を取得できます。もしこの地役権を時効取得している場合には、あなたは、その土地の所有者に通行の妨害となる行為をしないよう請求することができ、これに応じないときは裁判所に訴えを提起して勝訴確定判決を得て、妨害を排除することもできます。

また、通行地役権が成立していないときでも、あなたの土地が公道に通じない土地であるときは、その土地の所有者は、公道に行くためまわりの土地を通行することができます（民法第二一〇条）。この場合、通行の場所および方法は、まわりの土地にもっとも損害の少ないものを選ばなければなりませんし、通行地の損害に対しては償金を払わなければなりません（同法第二一一条、第二一二条）。

従来の通路がこの通行権の要件をみたしているときは、従来どおりそこを通路として使用することを求められますが、それによる損害を補償金として払う必要があります。なお、あなたの土地がもし分割によって袋地となったときは、分割した他の土地のみを通行できます（同法第二一三条）。

このような問題は純私法的な事項で、県が直接関与すべき行政事務ではありません。もし、当事者間で話し合いがつかないときは、裁判所に民事調停法による農事調停を申し立てて調停してもらうか、訴えによるかの方法があります。また、農業委員会に話し合いをまとめるため和解の仲介を申し立てて仲介してもらうこともできます。

《157》農地関係の紛争処理の方法

？ 農地関係の紛争解決上注意すべき点や各種の手続きについて簡単に説明してください。

！ ①農地も土地ですから、農地に関する紛争といっても土地一般の紛争と異なりませんが、農地は国家の政策上農地法によって規制されているため、紛争処理上も若干異った手続きが定められています。

土地に関する私法上の紛争には所有権に関するものと使用関係に関するものがあります。前者には部分的な所有権争いである境界紛争もありますし、後者には水路や通路の紛争（地役権や相隣関係）もありはなはだ複雑多岐にわたります。その上に土地には登記の問題が絡みますので、一般に土地紛争は難かしくなりがちです。紛争は無いに越したことはなく、また発生してもなるべく早く解決したいものですが、以下土地紛争の解決のための手続きについて説明します。

②当事者による直接の解決

紛争には当事者があるわけですから、通常当事者が直接に話し合い交渉したり、あるいは両当事者を知っている第三者が仲に入って話をする段階から始まります。この段階で話がまとまれば一番よいのですが、まとまった場合には、即時に履行ができて後に何も残さない特別の場合（例えば越境している隣地の木の枝を立会で直ちに切って解決できる場合等）を除いて、解決結果は必ず書面にして残しておくことが望ましいのです。それは土地は永久に存続する物で、その間に権利者が変わったり、多数の権利関係が付着したり消滅するために、時間が経つとせっかく解決した内容が不明になってしまうからです。従って多少こみ入った問題については、書面にする段階で専門家に相談すべきでしょう。また解決内容についてもし農地法の手続きが必要な場合は、直ちに手続きを踏んでおかないと最終的な解決にならないことは当然です。

③境界紛争の例

一例として境界紛争の問題を取り上げてみます。甲が左図の一番地という表示の土地を第三者丙から買って登記も済ませました。一番地の現状は、ＡＢＣＨ点の範囲の土地です。甲はしばらく使用してから、どうも現状が売買の目的とした一番地の公簿面積より狭い感じを受けて、実測してみたらＧＤの線までないと面積が不足することがわかりました。

そこで、隣接の二番地の所有者である乙が使用しているＨＣＤＧ点の土地について所有権紛争が起こったとします。よくある例です。話し合った結果、いずれにしろ紛争部分は乙が所有とするという結論になったとします。通常この場合、Ｈ点Ｃ点に動かないような境界石を埋設するほか、測量図等を使用して境界石が紛失したり移動してもＨ点Ｃ点が割り出せる図面を添付した書面を作成します。甲乙間ではＨＣ点の線で土地の所有範囲が決まりますから一応解決します。

ところが甲乙の所有権の範囲の境界線であるＨ・Ｃ線と、一番地と二番地の地番の境界線との関係がどうなるかという問題が残るのです。権利の目的と

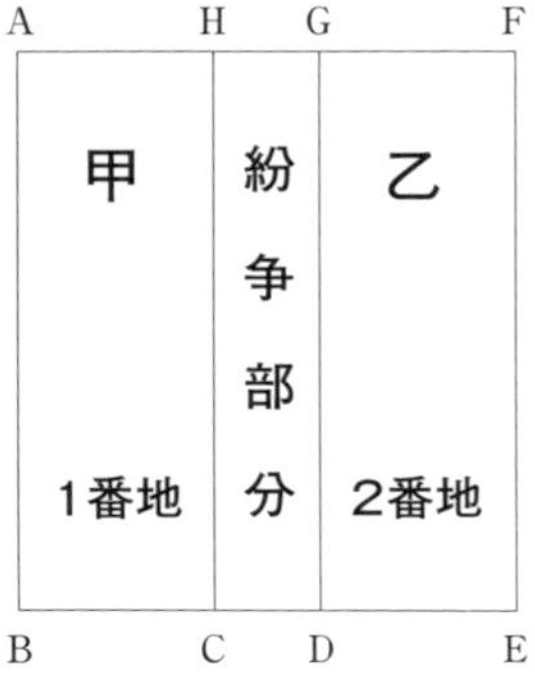

なる物としての土地は区分され、それを特定するため地番が付されて登記簿の表題部ができています。このように区分された土地の区画や地番を明確にするため図面（いわゆる公図（旧土地台帳付属地図））が作成され、登記所が保管していることは誰も知っていることです。耕地整理、区画整理をした土地、そのほか比較的正確に実測図を作成して分筆手続きをした土地は、現地と公図が部分的に一致するところもありますが、昔のままの公図のところでは一致しないのがむしろ普通でしょう。

ところが地番の境界は、隣接の土地所有者間で勝手に決めたり変更したりできないものとされています。そこでもし前例で、甲名義の一番地と乙名義の二番地の境界線がＧＤ点の線だと認められるような状況の土地であれば、ＨＣ線を境界とする話し合いが成立した意味は、乙は二番地の土地と一番地の土地のうちＨＣＤＧ線の土地を所有範囲とし、甲は一番地のうち紛争部分を除いた土地部分を所有範囲とする意味であって、甲名義の一番地と乙名義の二番地の境界をＨＣ線にすることを合意する意味ではあ

りません。

従って一番地のうち紛争部分を分筆して乙名義に移転登記をする手続きまでしておかないと真の解決にはなりません。それは売買等で一番地の所有者が変わった場合、また境界紛争がむし返されるおそれがあるからです。しかし、地番の境界が不明確な土地や、紛争部分が極めて僅少で解決線が地番の境界線と同視してよいような土地ではその必要もないと思います。

ここで境界問題が出たついでにもう少し補足しておきます。境界問題は結局、土地所有権の範囲の問題になるのですが、隣接土地所有者間で問題が起きた場合、直接に毎日使用していない山林や原野等では、地番の境界が確定されれば、同時に土地所有権の範囲も決まって解決するものが多いと思われます。

地番や公図は登記所が管轄していますが、境界に争いがある場合は、登記所が決めるのではなく、境界確定訴訟によって裁判所が決めることになっています。しかし建物があったり耕作したりしている土地については、地番の境界が判っても必ずしも解決するとは限りません。土地の一筆の一部分についても取引できますし、また時効取得も可能とされていますので、必ずしも地番と関係なく紛争部分について所有権を決める問題になり、これも最終的には裁判所の管轄になります。

④農業委員会による和解の仲介と和解の効力

農地等の利用関係の紛争については、農地法の規定によって、農業委員会は当事者から和解の仲介の申立があったときは、農業委員会の職務として和解の仲介を行うことが義務づけられて、手続きが定められています。この場合、必要によっては知事（その職員である小作主事等）も和解の仲介を行うことが職務として定められています。そして和解が成立したときは、和解の内容を記載した和解調書を作成して、当事者らが署名または記名押印することになっています。

ここで和解について少し説明しておきます。和解というのは、当事者がお互に譲歩し合って、その間の紛争を止めることとする合意（契約）です。従って争いがあることが前提ですから、通常の取引契約と異なります。またお互に譲歩する必要があり、一方だけが主張を引込めて相手方の主張が全部とおるのは本来の和解ではありません。

和解の効果で大事なことは、一旦和解が成立して、当事者の権利義務関係が決まった場合、将来、決めたことと違った内容の証拠が出てきても、和解の内容を覆すことができないということです。例えば境界争において、一定の線を境界として和解が成立した場合、その線によって当事者の土地所有権の範囲が確定するわけで、後になって決めた線と異なる境界石や図面が出てきたからといっても、和解の結果は動かすことができません。後になって変更を認めるようでは、和解の意味がなくなるからです（ただし和解の前提とされた事実に錯誤があった場合など和解が無効になる場合もありますが難しい問題です）。

農業委員会の仲介により和解が成立し、和解調書が作成されても、当事者が和解内容の義務を履行しない場合は、相手方は裁判所に訴えて、義務の履行を求めるほかありません。即ちかかる和解調書には、後で説明する裁判所で作成する書類のような特別の効力はありません。しかし、農業委員会が仲介して成立した和解が存在するという事実は強力な証拠になりますから、訴訟の遂行が容易になります。

⑤裁判所における農事調停

紛争解決を本来的な任務とする機関は裁判所です。裁判所による紛争解決手続きの一つに民事調停があります。裁判所はどんな民事紛争でも調停しますが、特に「農地または農業経営に付随する土地、建物その他の農業用資産の賃貸その他の利用関係の紛争に関する調停事件」については農事調停として特別の手続きが定められています。従って農地関係の紛争はこの農事調停手続きによって処理されることになります（この手続きについては《153》参照）。農事調停で成立した調停証書は、執行力がありますから、調停内容の義務を履行しない当事者に対しては強制執行できます。

⑥裁判所における即決和解

つぎに紛争があったが、当事者間であるいは第三者等が入って事実上解決した場合、解決内容は②で述べたように書類にして証拠として残しておきますが、将来履行義務が残る内容の場合（建物を収去して土地を明け渡す等）は、一番確実なのは、解決内容を裁判所の書類にしておくことです。これは通常即決和解手続きと言って、簡易裁判所で取り扱うことになっています。内容がすでに決まっていることですから、手続きした後で、通常当事者が一回出頭すればよいのです。この手続きで作成される和解調書には執行力があります。よく世間では公正証書にしておけば安全ではないかといいますが、公正証書は金銭債権や特殊の物についての債権を内容としたものについて執行力があるだけですから、一般に登記や引渡しが関係する土地紛争については公正証書は適当ではありません。

⑦訴訟

紛争解決の最後の手段は訴訟で裁判所の判断（判決）を受けることになります。訴訟は理論的にも手続き上も大変困難かつ煩雑ですから、適正に遂行するには専門家に依頼するほかないと思います。訴訟中に話し合いが成立した場合（訴訟上の和解の成立）は、和解調書が作成されます。判決やこの和解調書ももちろん執行力があります。

⑧家庭裁判所における調停

家庭裁判所は家庭に関する事件を扱いますが、親族間の財産問題、遺産分割問題等について、調停手続きで財産関係の話し合い、取り決めができます。ここで成立した調停調書が執行力を有することは、前記の各裁判所の書類の場合と同様です。

八　その他

農地法の用語、許可関係、
農地所有適格法人……等

《158》農地法にいう世帯員等とは

？ **農地法ではその農家の所有面積などを世帯員等の単位で計算しているようですが（例えば第三条第二項第五号）内縁の妻や養子は世帯員等になりますか。**

！ 「世帯員等」とは『住居及び生計を一にする「親族」並びに当該親族の行う耕作又は養畜事業に従事するその他の二親等内の親族をいう』と、農地法第二条第二項に規定されていますが、この場合の親族とは民法第七二五条に決められている親族であります。つまり「配偶者」、「六親等内の血族」および「三親等内の姻族」の範囲までが「親族」にあたるのです。そこで、「配偶者」とは戸籍上正式に婚姻の届出をして夫婦になったものの一方からみた他方となるので、同居して生計を一にしている場合は「世帯員」になりますが、いわゆる内縁の夫婦関係にある妻（もしくは夫）は配偶者とはいえないので「世帯員等」には入りません。

つぎに、「血族」とは親子、兄弟姉妹などの血のつながりのあるものをいいます。

養子とか養親も戸籍上の手続きが済んでいれば養子と養親およびその血族との間においては、養子縁組の日から血族と同一の親族関係になります（民法第七二七条）。

「姻族」とは、配偶者の一方と他方の血族との関係をいうのであって、一方の血族と他方の血族との間、例えば、夫の親と妻の親との間、夫の兄弟と妻の親との間、夫の兄弟と妻の姉妹との間、兄弟の妻同士の間などには姻族関係を生じないのです。

なお、以上に記した「親族」の間で、「住居」、「生計」を一にするものが「世帯員」となりますが、平成二一年の農地法の改正でこれに当該親族の行う耕作又は養畜の事業に従事する二親等内の親族を加えて「世帯員等」とされました。

《159》 区分地上権の許可とは

❓ 農地法第三条第二項の許可基準に、「民法第二六九条の二第一項の地上権またはこれと内容を同じくするその他の権利」の設定移転は、各号の適格性がない場合でも許可できるように規定されましたが、これはどんな内容の権利ですか。また、これは耕作目的の権利とも思えませんが、第五条の転用許可を受けるものではないでしょうか。

❗ 民法第二六九条の二第一項の地上権は、俗に区分地上権といわれるもので、土地の地下の一定の部分あるいは空中の一定の範囲に工作物を設置することを目的とする権利です。たとえば、地下では、地下鉄、トンネル、地下水路等、空中では、送電線、索道、地上パイプ等を建設する際に設定されます。また、このような内容をもつ権利でも、短期間のもの、一時的なものなどでは、地上権にせず、賃借権その他の権利で行われることもしばしばあります。

これらの権利は、前で説明したように、地下または空中を使用するのみで、地表は直接使用をしないものですので、農地にこれらの権利が設定されても、耕作には支障がなく従来どおり農地として利用できる場合が多いのです。したがって、このような場合には、農地法第五条の農地を農地以外のものとするための権利の設定移転には該当しませんので、同法第三条の許可を受けることになります。ただし、工作物の設置に係る行為が農地の区画形態の変更を伴う場合には、別途、一時転用許可を要することになります。

同条第二項の許可基準は、耕作目的の権利の設定移転を念頭においた基準でありますので、区分地上権等のごとく非農家が耕作以外の目的で設定移転する場合には、各号の許可基準にかかわらず、相当な場合には許可できることを明らかにするため規定が設けられているものです。

しかし、区分地上権またはこれと内容を同じくする権利であっても、その工作物の設置される位置が地表に近い地下または空中になりますと、農地の耕作をすることができない場合も生じてきます。このような場合には、農地法第五条の転用許可を受けることが必要になります。

《160》許可書は委員会名か会長名か

? **農業委員会が許可する場合の許可書は、農業委員会名で出している委員会、会長名で出している委員会とまちまちですが、どちらの方法によるものが正しいのか教えて下さい。**

! 一般的に合議体の行政庁がその意思を外部に表示する場合には、代表者がこれを行うのが通常であります。農業委員会についても、農業委員会等に関する法律第五条第三項において、農業委員会の「会長は、会務を総理し、委員会を代表する」旨が定められていることから、これまで会長が農業委員会を代表して、その意思表示を行うことになるとしてきましたが、農地法の「農業委員会の許可を受けなければならない」（農地法第三条第一項）との規定からすると、執行機関である農業委員会名で許可に関する処分の通知をすることも当然認められます。

《161》許可指令書の日付は何日とするか

? **次の問題について実務の参考にしたいのでご教示ください。**

①二月一日　農地法第三条申請受理（賃貸借）
二月五日　農業委員会総会に附議許可決定
二月七日　処理簿登載、その他事務局所定の事務手続き終了、許可指令書交付。

前記の場合、農業委員会の発する許可指令の日付は何日とすべきか。また、許可効力の発生は何日ですか。

②二月一日　現況証明願受理

二月五日　農業委員会総会に附議承認
二月九日　願人に証明書を交付
この場合の証明の日付は、農業委員会で承認された日（二月五日）か、または証明書を交付した日（二月九日）か。

❗

①一般に行政庁の行う許可等に関する処分は行政庁が申請に対し許否の意思を決定し、これを申請者に意思表示をしてはじめて効力を生ずるものです。農業委員会の農地法第三条第一項の許可に関する処分については、農業委員会が合議体の行政庁であるから、申請に対する許否の意思決定は農業委員会の会議の議決により行い、その決定された意思は会長が農業委員会を代表して又は農業委員会名で申請者に表示するわけであり、それがいわゆる許可または不許可指令書の交付になるわけです。そして指令書が申請者に交付された時に処分としての効力を生じるものであって、農業委員会の会議で議決した時から処分の効力が生ずるものではありません。したがって、許可または不許可指令の日付は、農業委員会の許可または不許可の意思を対外的に表示した日すなわち許可または不許可指令書を施行した日とするのが正しいものと考えます。ご質問の場合には、二月七日と記載すべきものと考えます。

②①と同様の理由により証明書を交付した二月九日とすべきものと考えます。

《162》許可前に申請者が死亡した場合の許可の効力

❓

二月一日に農地法第三条または第五条の許可申請書を農業委員会は受理し、二月一五日に総会に附議し、許可すべき旨の議決をしたが、申請当事者の一人は二月一〇日に死亡しておりました。三月一〇日付で許可指令書が交付されています。この場合、申請書を農業委員会で審議することは誤りでなかったのか。

また、この許可は有効か。無効か。おたずね

します。

！　農業委員会で申請書を審議したときには申請当事者の一人が既に死亡していたのですが、農業委員会が死亡を知らずして審議し、これに基づき許可処分をしたときには、死亡者が売り主であるか、または買い主であるかによって処分の効力が異なってきます。

一般的に被相続人のなした債権契約（売買契約）は、相続人が被相続人の地位を承継するので、許可の申請も相続人が承継することになりますが、許可申請後許可前に申請人が死亡した場合には、その相続人について許可の可否を判断して処分を決めるということになります。

このような場合に、その死亡の事実を知らないで許可した場合においても、売り主が死亡した場合には農地法第三条の規定からみて譲渡人の能力等は考慮していないので、その効果は相続人に対して有効に成立していると考えます。

しかし買い主が死亡した場合においては、農地法第三条第二項の規定が譲受人の能力その他適格条件を定めて規制していますので、被相続人に対する許可は当然には相続人になされたものとは考えられず、従って、譲受人が許可申請後死亡したにもかかわらず、その死亡者についてなした許可処分は無効と考えます。

このような場合は、相続人はあらためて売主と許可申請をし、許可を受けることが必要です。

《163》家庭菜園とは

？　**家庭菜園は農地法上農地ではないと聞いておりますが、その判別はどのようにしてなされるのでしょうか。また非農家が作るとか農家が作るかによって取扱いに差異があるのでしょうか。**

！　農地法の適用上現に耕作されている土地であっても、いわゆる家庭菜園と認められるものは農地に該当しないといわれますが、その具体的な判定基準は必ずしも画一的基準があるわけではありません。しかし、判例などからみて次のようなものはいわゆる家庭菜園とみてよいと考えます。

まず一つは、よく屋敷内の宅地の極く一部に花卉や蔬菜が栽培されていることがあります。そしてその面積が小面積でそれのみで農地としての存在価値を認めることができず、むしろ屋敷の一部として宅地とみることが適当な場合があります。このような土地は、現に耕作されていても、農地法にいう耕作の目的に供される土地すなわち農地に該当しないと考えてよいでしょう。

次に、現在耕作されているが、①その土地は本来耕作以外の目的に供されているものであること、②食料不足緩和等の目的による一時的耕作であること、③その土地の位置、環境、土性等からみて耕作の目的に供することが適当でないこと、④その土地の耕作者がいわゆる非農家であること、⑤所有者は耕作以外の目的に供する計画であり、かつそれが適当と認められることなどの諸条件をみたす土地は、農地法にいう農地に該当しないと考えてよいでしょう。

《164》 法人は農地を所有できるか

?

当家（法人）の留守番が当家所有の山林、原野を開こんして畑として耕作しておりましたが、その留守番が数年前に死亡しました。留守番の死後もその遺族が耕作して現在に至っております。その遺族は耕作権を主張して耕作の継続を希望しております。なお、遺族は、今後地代を支払うといっております。

このような事情ですが、次のことを教えて下さい。

①現耕作地の登記上の地目は山林、原野になっておりますが、農地法の農地と認められるのでしょうか。

②当家は法人ですが、現在法人がこのような農地を所有することが許されますか。

！

①農地法上の農地とは、耕作の目的に供される土地をいい、登記簿の地目には関係なく、その土地の事実状況（現況など）によって客観的に判定されます。したがって、おたずねの文面だけでは具体的状況がわかりませんので、確答はできませんが、現況が明らかに農地の状況にある場合には、一般に農地に該当すると思われます。

②一般に農地所有適格法人以外の法人は売買によって農地の所有権を取得することはできませんが、山林、原野などを開こんして農地とした場合には所有することができます。

《165》常時従事者とは

？

農地所有適格法人を設立する場合に、労働を提供して構成員となるとき、よく常時従事者という言葉が使われているのですが、この常時従事者というのはどのような条件があるのでしょうか。

！

法人の事業に常時労働を提供する者を農地法では常時従事者と呼んでいます（農地法第二条第三項第二号ホ）。この常時従事者の中には、疾病、負傷による療養、就学、公選による公職就任等の特別の事由（農地法第二条第二項に掲げる事由）により一時的にその法人の事業に常時従事することができなくなった者で、その事由がなくなれば再び常時従事することが確実であると農業委員会が認めたもの、および現在は法人の事業に常時従事していないが、構成員となった後六か月以内に常時従事することが確実であると認められる者（農地法施行規則第五条）が常時従事者として取り扱われます。

常時従事という言葉では漠然としてその内容が明瞭でありませんし、また農地法では農地所有適格法人の要件、賃借地の転貸といった農地等の権利に直接関連した重要な事柄に用いていますので、常時従事者の判定基準を定めて、その範囲を明確にしております（農地法第二条第四項、農地法施行規則第九条）。

この基準においては、次の各号の一に該当する構成員を常時従事者と判定することとなっています。

一、その法人の農業に年間一五〇日以上従事すること。

二、その法人の農業に従事する日数が年間一五〇日未満の者にあっては、その日数が、年間、次に示す算式によって算出される日数（その日数が六〇日未満のときは六〇日）以上であること。

$$\frac{\text{その法人の農業に必要な年間総労働日数（L）}}{\text{その法人の構成員の数（N）}} \times \frac{2}{3}$$

三、その法人の農業に従事する日数が年間六〇日未満の者にあっては、その法人に農地または採草放牧地を提供しており、かつ、その法人の農業に従事する年間の日数が前の二の算式により算出される日数か、または次の算式により算出される日数のいずれか大である日数以上であること。

$$\text{その法人の農業に必要な年間総労働日数（L）} \times \frac{\text{当該構成員の農地等の提供面積（a）}}{\text{その法人の経営面積（A）}}$$

《166》農地所有適格法人の要件

？　私は果樹園経営をしておりますが、隣家と共同して会社経営にしたいと思っています。会社経営は、農地所有適格法人でないと、農地の出資や買受けはできないと聞いております。農地所有適格法人というのは、どんな法人かお教え下さい。

！　農業経営を目的とする法人が農地等の権利を取得するには、農地法第三条の農業委員会の許可を受けることが必要ですが、この場合には、農地所有適格法人又は解除条件付の使用貸借による権利又は賃借権を取得する場合でなければ許可できないことになっています（農地法第三条第二項第二号、第三項）。

農地所有適格法人には以下の四つの要件があります。

1　法人形態要件

農地所有適格法人は、株式会社（株式譲渡制限会社（公開会社でない）に限る）、持分会社（合名会社、合資会社、合同会社）、農事組合法人のいずれかである必要があります（農地法第二条第三項）。

2　議決権要件

農地所有適格法人の構成員に制限はありません。（たとえば、食品加工業者、生協、スーパー、農産物運送業者、種苗会社、銀行、一般の企業や個人など誰でも）

ただし、株式会社や持分会社においては、総議決権又は総社員の過半は、①農地の権利提供者（農地中間管理機構を通じて法人に農地を貸し付けている個人を含む）、②常時従事者（原則として年間一五〇日以上従事）、③基幹的な農作業を委託した個人、④地方公共団体、農協、農地中間管理機構等が占めている必要があります。

なお、市町村の認定を受けた当該農地所有適格法人に対し、農業経営改善計画に基づいて関連事業者等が出資する場合については、特例（基盤法第一四条、施行規則第一四条）が設けられており、上記①②③に該当しない場合でも制限なく出資することができます。

農事組合法人の場合には、農業協同組合法によって事業内容、組合員（構成員）の資格等が定められており、同法に規定する要件を満たす必要があります。

3　事業要件

農地所有適格法人は、主たる事業が農業であることが必要です。

農業には次のような「関連事業」が含まれ、それが売上高の過半であれば、「その他の事業」を行うこともできます。

①関連事業：農産物の製造・加工、貯蔵、運搬、販売、農業生産資材の製造、農作業の受託、林業、共同利用施設の設置、農村滞在型余暇活動に利用する民宿

②その他の事業：（例）民宿、キャンプ場、造園、除雪 等

4　役員要件

①農地所有適格法人の役員の過半の者が法人の農

業（関連事業を含む）に常時従事（原則年間一五〇日以上）する構成員であること
②役員または重要な使用人のうち一人以上が省令で定める日数（原則年間六〇日）以上農作業に従事すること。重要な使用人とは、法人の行う農業（関連事業を含む）に関する権限及び責任を有する者をいいます。なお、従事日数には特例があります。

《167》農地所有適格法人の事業状況報告とは

❓ 農地所有適格法人要件の確認のため、すべての農地所有適格法人は、農業委員会へ、毎年、事業の状況等について報告することが義務付けられていると聞きました。詳しく説明してください。

❗ 農地所有適格法人の要件を満たしているかについて的確に把握する措置の一つとして、農地所有適格法人として農地の権利を取得し、その権利を有しているすべての法人は、毎年、事業の状況等を農業委員会に報告しなければならないことが、法律で定められています（農地法第六条第一項）。

その報告の内容は、①法人の名称及び主たる事務所の所在地並びに代表者の氏名、②法人が所有、又は使用収益している農地等の面積、③当該年度に行った事業の種類、年間売上高、④構成員の氏名又は名称、議決権等の数、⑤構成員が法人に権利を設定または移転した農地等の面積、⑥農地中間管理機構を通じてその法人に農地を貸し付けている個人については、中間管理機構等を通じて貸し付けている農地等の面積、⑦構成員の年間農業従事日数、⑧農作業を委託している構成員が委託している農作業の内容、⑨承認会社が構成員の場合、その構成員の株主の氏名又は名称及びその有する議決権、⑩理事等の住所・氏名並びに年間の農業への従事日数、⑪理事等又は使用人のうち法人の農業に必要な農作業に従事する者の役職名及び氏名並びにその法人の農業に必要な農作業（その者が使用人である場合は、その法人の行う農業及び農作業）への従事状況です。

また、その報告書に添付すべき書類は、ｉ定款の写し、ⅱ組合員名簿、株主名簿の写し、ⅲ⑧の承認会社が構成員となっている場合、承認会社であることを証する書面及び構成員の株主名簿の写し等です。

なお、当該法人は、その農地等の所在地を管轄する農業委員会（該当農業委員会が複数の場合は、その全ての農業委員会）に、毎事業年度の終了後三か月以内に報告書を提出しなければなりません。

詳細は、農業委員会へおたずね下さい。

《168》農地を安心して貸せる利用権設定等促進事業とは

?


私の地域は通勤兼業地帯で、大部分の農家は農外に働きに出ています。この兼業農家の多くは、後継者が農業を継がず、本人も高齢化して経営地を耕作するのに苦労しています。できれば貸したいが、貸すと農地法で耕作権が保護されて返してもらえないし、離作料を払う必要がでてくることもあり、無理をして耕作をしているのです。私もその一人です。

聞くところによりますと、市町村が中に入って貸借すると農地法の適用がないし、離作料もつかない制度があるときききましたが、それはどんな制度でしょうか。


!


おたずねは、農業経営基盤強化促進法の利用権設定等促進事業のことと思います。

近年、農村では兼業化や高齢化が進み、労力不足などの理由で経営農地を自ら耕作することが困難な農家が出ています。しかし農地法の耕作権の保護の強さもあって、農地法第三条の許可をとって貸すことには、不安をもっています。その反面、農業で生活していくため経営規模を拡大したい専業農家もいます。

そこで、「農地を安心して貸せる」仕組みとして作られているのが、この利用権設定等促進事業です。

この制度を活用すれば労力不足等で自ら耕作できない兼業農家等から耕作能力のある専業農家などへの利用集積を促進し、農地の有効利用が図られるとともに、経営規模の拡大にも役立つことが期待されます。

この利用権設定等促進事業の仕組みの要点は、次のとおりです。

(1) 市町村は、都道府県の農業経営基盤強化促進基本方針の指標を参考にしながら、市町村の農業経営基盤強化促進基本構想を知事の同意を得て定めます。

これによって、農地の貸し借り(利用権の設定)の事業（売買もできます。）を行うことができます。

なお、基本構想には、今後市町村で育成していこうとする効率的かつ安定的な農業経営の指標や新たに農業経営を営もうとする青年等が目標とすべき農業経営の指標、目指すべき農業の構造の目標を明らかにするほか、借り手の要件、貸借期間、借賃の算定基準、農用地利用集積計画の作成手続き等この事業の実施の準則が定められます（農業経営基盤強化促進法第六条）。

(2) 市町村は、実施区域内で農用地を貸したい、借りたいの希望をとり、この希望をもとに具体的な農用地の貸し借りの計画（農用地利用集積計画）の原案を作って、農業委員会の決定と貸し手および借り手全員の同意（共有地について二〇年を超えない利用権を設定・移転する場合は、共有者の二分の一を超える持分を有する者の同意でよい。）を得て最終的に定めます（農業経営基盤強化促進法第一八条）。

(3) 農用地利用集積計画が決定されたときは、市町村が公告し、公告された時に貸し手と借り手との間で貸借関係が成立します（農業経営基盤強化促進法第一九条、第二〇条）。

(4) この事業による農地の貸借については、農地法の特例を設け、①農地の貸借の許可は必要ない、②賃貸借の法定更新の規定は適用しないこととしています（農地法第三条第一項第七号、第一七条）。

この利用権設定等促進事業は、以上の仕組みから次のような特徴をもっており、農地の貸し手にとっても、借り手にとっても、安心して農地を貸したり借りたりができます。

(1)　この事業による農地の貸借手続き一切は市町村が行います。したがって、当事者は希望を述べるだけで面倒な手続きをしないでもよい。

(2)　この事業による農地の貸借は、一度にまとめて行うので、借り手にとっても便利な農地を借りることができます。

(3)　貸借期間は、法律で何年以上といった制限はなく、地域農業者の希望するところで決めることができるし、賃貸借の法定更新の適用がありませんから、貸借期間が満了すれば貸借関係は消滅し、確実に返還を受けられます。またその際離作料を支払う必要もありません。

なお、貸し手は、万が一の場合には確実に返してもらえるよう比較的短期間で貸したいというのが実情のようですから、期間が満了しても返してもらう必要はなく引き続き貸したい場合が多かろうと思われます。この場合には、市町村にその旨を申し出て、改めて農用地利用集積計画を定めてもらい、短期間の賃貸借を繰り返し継続することになります。このようにすれば、借り手にとっても、相当長期にわたって耕作を継続することができます。

(4)　この事業は、市町村と農業委員会が中間に立って貸借関係を成立させるものであり、その後の契約条件の履行については、市町村と農業委員会が努力してくれますから、貸し手も借り手も安心して貸借できます。

新 農 地 全 書　第８版

定価 2,400円（本体 2,182円＋消費税） 送料別

平成14年６月25日　初　版　発行
平成16年５月31日　第２版　発行
平成17年11月４日　第３版　発行
平成20年７月15日　第４版　発行
平成24年６月15日　第５版　発行
平成27年２月18日　第６版　発行
平成28年10月13日　第７版　発行
令和２年３月24日　第８版　発行

編 集
発 行　一般社団法人　全 国 農 業 会 議 所

〒102-0084　東京都千代田区二番町9-8
中央労働基準協会ビル2F
電話 03（6910）1131

全国農業図書コード　31-46

落丁本・乱丁本はお取り替えいたします

ISBN 978-4-910027-15-9
C2061 ¥2182E